FORSCHUNGSBERICHTE DES LANDES NORDRHEIN-WESTFALEN

Nr. 1526

Herausgegeben
im Auftrage des Ministerpräsidenten Dr. Franz Meyers
von Staatssekretär Professor Dr. h. c. Dr. E. h. Leo Brandt

DK 621.791.763.2 : 621.791.053.95

Prof. Dr.-Ing. Alfred H. Henning †
Prof. Dr.-Ing. habil. Karl Krekeler †
Dipl.-Ing. Alfried Meyer

*Institut für schweißtechnische Fertigungsverfahren
der Rhein.-Westf. Techn. Hochschule Aachen*

Untersuchungen zum Buckelschweißen
von Stahlblechen
unter Verwendung verschiedener Buckeltypen

Springer Fachmedien Wiesbaden GmbH

ISBN 978-3-663-06573-9   ISBN 978-3-663-07486-1 (eBook)
DOI 10.1007/978-3-663-07486-1

Verlags-Nr. 011526

© 1966 by Springer Fachmedien Wiesbaden
Ursprünglich erschienen bei Westdeutscher Verlag, Köln und Opladen 1966

Inhalt

1. Einleitung 7
2. Einflußgrößen, ihre Zusammenhänge und ihre Bedeutung für den Buckelschweißprozeß 10
3. Versuchseinrichtung 14
   3.1 Schweißmaschine 14
   3.2 Meßgeräte 15
   3.3 Prüfgeräte 15
4. Versuchsmaterial 16
   4.1 Verwendete Bleche 16
   4.2 Probenvorbereitung 16
   4.3 Verwendete Buckel 17
5. Versuchsdurchführung 22
6. Ergebnisse und ihre Auswertung 24
7. Untersuchung der Reproduzierbarkeit 31
8. Makroschliffbilder 39
9. Zusammenfassung 43
10. Literaturverzeichnis 45

1. Einleitung

Die Verbindungsverfahren der elektrischen Widerstandsschweißtechnik haben in der Industrie einen weiten Anwendungsbereich. Der Einsatz dieser Verfahren hat die Serien- und Massenproduktion vor allem in der blechverarbeitenden Industrie maßgebend beeinflußt, ja teilweise sogar erst ermöglicht. Die vor wenigen Jahrzehnten noch übliche Verbindung von Werkstücken und Werkstückteilen durch Schrauben, Nieten oder ähnliche Verfahren, ist vielfach heute durch die sinnvolle Anwendung der Widerstandsschweißung ersetzt. Dem Konstrukteur waren und sind damit völlig neue Möglichkeiten gegeben, Werkstücke zu vereinfachen und konstruktiv zu verbessern und so die Fertigung entscheidend zu rationalisieren.

Das Buckelschweißen ist eines dieser elektrischen Widerstandspreßschweißverfahren. Es dient dazu, Bleche oder daraus gestanzte und/oder gezogene Werkstückteile miteinander oder mit anderen Formteilen zu verbinden. In eines der zu verschweißenden Teile werden – meist gleichzeitig mit einem vorangehenden Umformprozeß – Buckel (Warzen) geprägt, die für den nachfolgenden Schweißprozeß die Verbindung lokalisieren. Die Verschweißung der Werkstückteile erfolgt zwischen den großflächigen Elektroden geeigneter elektrischer Widerstandsschweißmaschinen. Die Buckel haben dabei die Aufgabe, die Schweißenergie zu konzentrieren und den für die Verbindung notwendigen Wärmestau zu erzeugen. Bedingt durch die Elektrodenkraft wird während des Schweißprozesses jeder Buckel zurückgedrängt und eingeebnet, so daß nach beendigter Schweißung die Werkstücke satt aufeinanderliegen.

Diese Art der Verbindung ist dem bekannten Punktschweißen sehr ähnlich. Der Vergleich beider Verfahren zeigt jedoch wesentliche Unterschiede auf. Wie angeführt, wird beim Buckelschweißen der Schweißstrom durch die Form und Größe des Buckels »von innen her« konzentriert. Beim Punktschweißen dagegen wird dies durch die Form und Größe der Elektrodenarbeitsfläche »von außen her« erreicht.

Ebenso ist der Ablauf des Schweißprozesses hier wie dort ein anderer, obwohl das Ergebnis in beiden Fällen gleich ist: symmetrisch zur Trennungsebene der Werkstückteile bildet sich eine linsenförmige Verbindung, die bei sachgemäßer Schweißung eine den Erfordernissen entsprechende Festigkeit gewährleistet.

Gegenüber dem Punktschweißverfahren hat das Buckelschweißen einige Vorteile, die nachstehend aufgeführt sind:

a) Die Verwendung großflächiger Elektroden hat verminderten Verschleiß dieser Werkzeuge zur Folge, da die mechanische und elektrische Belastung pro Flächeneinheit wesentlich geringer ist. Ebenso ist die Wärmeableitung in den Elektroden besser.

b) Die Oberfläche des nichtgebuckelten Werkstückteiles bleibt unbeschädigt und bedarf keiner Nacharbeit.

c) Genaue Maßhaltigkeit der miteinander zu verbindenden Teile ist gewährleistet. Die Schweißung erfolgt immer an derselben Stelle. Lehren und Einspannvorrichtungen zur Fixierung der Werkstücklage in der Schweißeinheit können durch entsprechend ausgebildete Elektroden ersetzt werden.

d) Bei leistungsstarken Maschinen können mehrere Buckel – bis zu 20 – bei einmaligem Setzen der Elektroden verschweißt werden.

Nachteilig für dieses Verfahren sind folgende Punkte:

a) Für jedes Werkstück sind Spezialelektroden erforderlich.

b) Das Verfahren verlangt leistungsstarke Maschinen.

c) Beim Mehrfachbuckelschweißen muß Planparallelität der Elektroden gewährleistet sein. Dies bedingt Maschinen, die konstruktiv besonders starr ausgebildet sein müssen.

Diese Nachteile fallen allerdings um so weniger ins Gewicht, je größer die Serie der herzustellenden Teile ist. Hier wird besonders deutlich, daß dieses Verfahren für die Massenfertigung geradezu prädestiniert ist.

Der Anwendungsbereich für das Buckelschweißen ist so groß, daß es zu weit führen würde, die Vielzahl der Möglichkeiten anzuführen, die das Verfahren hinsichtlich der Werkstücke, der Werkstoffe und der Oberflächenbeschaffenheit bietet. Eine Schweißaufgabe, die typisch für den Übergang vom Punkt- zum Buckelschweißverfahren ist, soll an Hand von Abb. 1 erläutert werden.

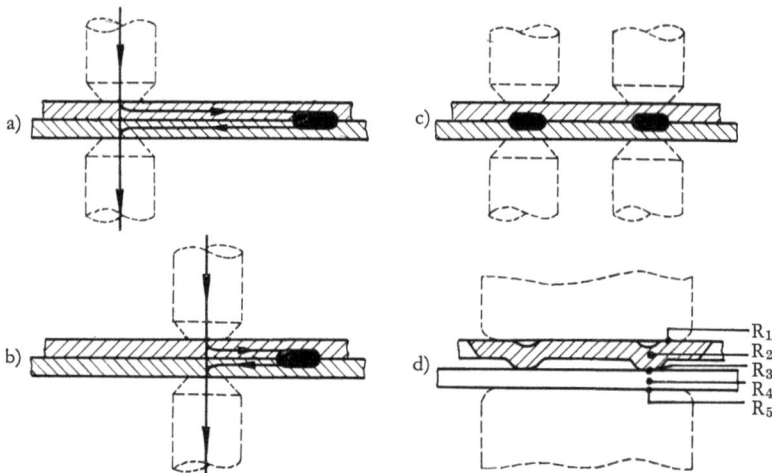

Abb. 1 Übergang von der Einzelpunktschweißung zur Mehrelektroden- und Buckelschweißung (nach KOTSCHERGIN)

Betrachtet man beispielsweise die Schwierigkeit der Schweißung von mehreren Verbindungsstellen, die einander benachbart sind, so ist das Problem der Nebenschlußwirkung schon geschweißter Punkte beim Punktschweißen nicht einfach zu lösen. Von jedem Schweißpunkt muß gleiche Festigkeit verlangt werden. Das heißt also, daß an jeder Schweißstelle die gleiche Energiemenge eingebracht werden muß, damit eine gleichförmige Ausbildung der Schweißverbindungen erreicht wird.

Die Abb. 1a und b zeigt die Problematik auf: im Fall a ist bei genügend großer Entfernung der durch den Nebenschluß bedingte Stromverlust nur gering, dagegen unter b schon wesentlich größer. Je näher nun die Schweißpunkte einander benachbart sind, desto einflußreicher wird die Nebenschlußwirkung der schon geschweißten Punktverbindung. Dabei kann der Nebenschlußstrom schließlich Werte annehmen, die dem Schweißstrom selbst gleichkommen. Daraus folgt, daß der Schweißstrom mit kleiner werdender Entfernung zum Nachbarpunkt vergrößert werden muß.

Sieht man von einer Lösung des Problems durch Verwendung von Doppelpunktelektroden ab (Abb. 1c), so ist hier einer der vielen Übergänge vom Punkt- zum Buckelschweißverfahren erreicht (Abb. 1d). In diesem Falle werden beide Buckel bei einem Niedergang der Elektrode verschweißt. Gleichmäßige Strom- und Elektrodenkraftverteilung ist gegeben, wodurch beide Schweißverbindungen gleiche Festigkeiten aufweisen können.

Die Buckelschweißung läßt sich grundsätzlich in der Praxis mit den verschiedensten Buckelformen durchführen. »Kotschergin« [1] schreibt in seinem »Leitfaden des Widerstandsschweißens«: »Es ist nicht unbedingt erforderlich, sich stets an die genormten Formen zu halten. Es soll bei der Gestaltung nur bedacht werden, daß der Buckel eine Konzentration der Wärmeentwicklung hervorrufen muß.« Diese Aussage kann leicht zu Mißerfolgen führen, da die Buckelform und ihre Abmaße völlig unterschiedlich gewählt werden können. Vielmehr ist es notwendig, aus der Vielzahl möglicher Buckelformen die für die Schweißaufgabe geeignete auszuwählen und auf die Gleichmäßigkeit ihrer Ausführung zu achten. Nur so kann erfolgreich geschweißt und eine gute Reproduzierbarkeit erreicht werden.

Die vorliegende Arbeit hat das Ziel, das Buckelschweißen von Stahlblechen der Dicken im Bereich von $s = 1,00$ bis $s = 3,00$ mm unter Verwendung von drei Buckeltypen kritisch zu untersuchen und solche Schweißdaten zu ermitteln, die o. a. Reproduzierbarkeit gewährleisten. Es wird Wert darauf gelegt, daß die Versuche völlig unabhängig von bestehenden Empfehlungen bzgl. der Schweißdaten durchgeführt werden. Von den hier ausgewählten Buckeltypen können zwei als solche angesehen werden, die in der Produktion häufig verwendet werden. Der dritte Typ wird vergleichend mituntersucht.

2. Einflußgrößen, ihre Zusammenhänge und ihre Bedeutung für den Buckelschweißprozeß

Es wird vorausgesetzt, daß die heute im Einsatz stehenden Buckelschweißmaschinen mit elektronischen Steueranlagen ausgerüstet sind. Das Verfahren selbst wird damit weitgehend von der Geschicklichkeit des Arbeiters unabhängig. Um so größer ist die Abhängigkeit des erzielbaren Ergebnisses von der Einstellung der Maschine. Erfolgreiche Schweißungen sind nur dann erreichbar, wenn es gelingt, für die jeweilige Schweißaufgabe Arbeitsrichtlinien aufzustellen. Diese Richtlinien müssen auf die Frage nach einer bestimmten erwünschten Festigkeit der Schweißverbindung mit der günstigsten – d. h. einer sowohl zuverlässigen als auch wirtschaftlichen – Kombination von Einstelldaten antworten. Die Einflußgrößen bestimmen in ihrer Gesamtheit den Ablauf des Schweißprozesses. Es ist daher notwendig, aus der Vielfalt von Einflußgrößen die wesentlichen in einem für die Belange der Praxis zugeschnittenen, funktionellen Zusammenhang darzustellen.

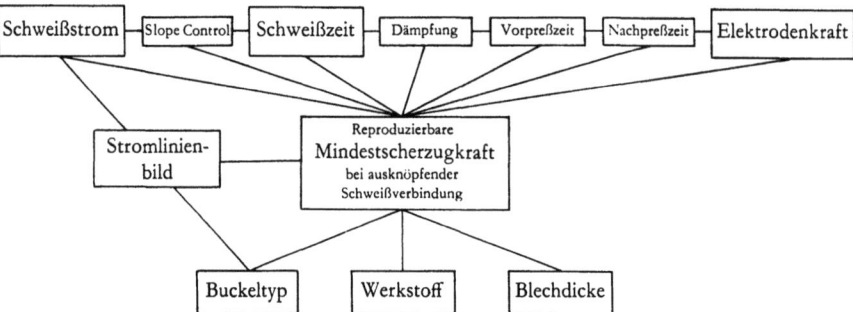

Abb. 2   Einflußgrößen auf die durch Buckelschweißen erzielbare Scherzugkraft

Die Abb. 2 zeigt eine Zusammenstellung der Einflußgrößen. Aus der Zahl dieser Größen kann die Abhängigkeit der Scherzugkraft jeweils vom Schweißstrom, von der Schweißzeit und von der Elektrodenkraft graphisch dargestellt werden. Ebenso ist es aber auch möglich, den Strom, die Zeit, die Elektrodenkraft und die erzielbare Scherzugkraft der Schweißverbindung in Abhängigkeit von der Blechdicke aufzutragen. Dabei werden die übrigen Einflußgrößen:

Buckeltyp
Festigkeit und Eigenschaften der verwendeten Werkstoffart
Blechdicke
Schweißstrommodulation (Slope Control)
Dämpfung beim Setzen der Elektrode vor Beginn der Schweißung
Vor- und Nachpreßzeit
Stromlinienbild (Stromverlauf innerhalb des Buckels)

in Form von Parametern bzw. Randbedingungen in die Überlegungen eingeführt. Wird dieses Ziel durch die Untersuchungen erreicht, so kann eine solche Darstellung als Arbeitsrichtlinie angesehen werden.

Wie aus den vorangegangenen Ausführungen ersichtlich, sind der Schweißstrom, die Schweißzeit und die Elektrodenkraft die wichtigsten Einflußgrößen des Buckelschweißprozesses. Sie werden durch die JOULEsche Beziehung:

$$Q = \text{const} \cdot J^2 \cdot R \cdot t \quad [\text{cal}] \tag{1}$$

in Zusammenhang gebracht. In dieser Gleichung ist J der Effektivwert des Schweißstromes, R der Gesamtwiderstand zwischen den Elektroden und t die Schweißzeit. Sie gibt die während des Schweißens eingebrachte Wärmemenge an.

In diesem Produkt ist der einzige Wert, der mit Sicherheit an der Maschine eingestellt werden kann, die Schweißzeit t.

Der Schweißstrom J kann zwar durch Phasenanschnitt größenordnungsmäßig vorgewählt werden. Da aber J und R voneinander abhängig sind, ist es fraglich, ob die vorgewählte Stromstärke auch tatsächlich erreicht wird.

Der Widerstand R setzt sich aus den verschiedenen Einzelwiderständen R_1–R_5 zusammen, wie es die vereinfachte Darstellung in Abb. 1d zeigt. Von ausschlaggebender Bedeutung ist dabei der Teilwiderstand R_3, der am Übergang vom Buckel zum Unterblech besteht. An dieser Stelle muß der für den Schweißprozeß notwendige Wärmestau zu Beginn der Schweißung erfolgen. R_3 ist nicht nur von der Buckelform abhängig, sondern auch weitgehend von der wirksamen Elektrodenkraft. Näherungsweise kann gesagt werden, daß R_3 um so kleiner wird, je größer die Elektrodenkraft ist. Umgekehrt wird sein Wert um so größer, je kleiner die Elektrodenkraft ist.

Die Kenntnis dieser Zusammenhänge kann zu der Überlegung führen, daß die in Gl. (1) angeführte Wärmemenge Q in einem bestimmten Verhältnis zur erreichten Festigkeit der Schweißverbindung steht. Ist dies der Fall, dann muß die Festigkeit sich vorher errechnen lassen. Neuere Untersuchungen in den USA [2] kommen zu dem Ergebnis, daß die Scherzugkraft je Schweißung mit folgenden Größen in Zusammenhang steht:

$$P_z = \text{const} \cdot J^a \cdot R^b \cdot E^c \quad [\text{kg}] \tag{2}$$

worin bedeutet:

P_z = Scherzugkraft je Schweißung
J = Schweißstrom
R = Gesamtwiderstand
E = Energie
a, b, c = Exponenten, die experimentell bestimmt werden müssen

Vorläufig hat diese Formel zur Bestimmung der Scherzugkraft noch keine praktische Bedeutung erlangt. Die bis heute durchführbaren Widerstandsmessungen, die sich auf die summarische Erfassung des Gesamtwiderstandes

$$R = R_1 + R_2 + R_3 + R_4 + R_5 \quad [\text{Ohm}] \tag{3}$$

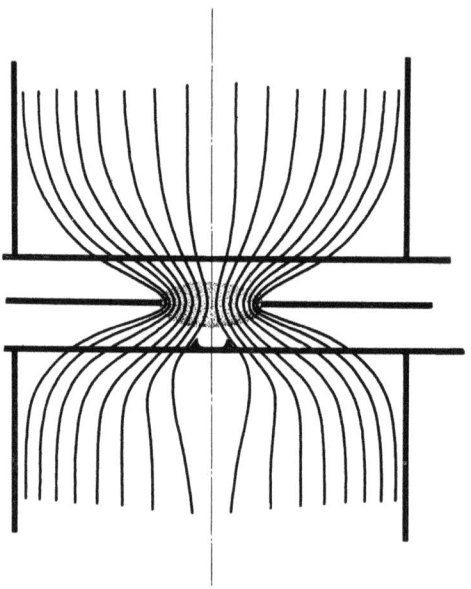

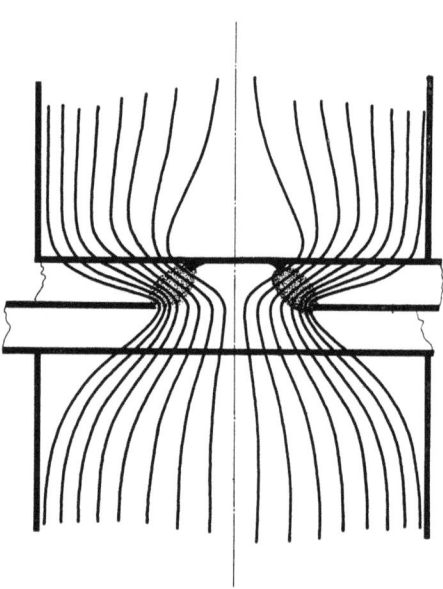

Abb. 3 und 4 Unterschiedlicher Verlauf der Stromlinien und Bildung der Schweißlinsen bei voneinander verschiedenen Buckeltypen beschränken, sind nicht hinreichend genau genug, um aus ihnen einen verläßlichen Faktor für die Erzielung einer bestimmten Schweißqualität unter Berücksichtigung der Reproduzierbarkeit abzuleiten.

Im allgemeinen müßte der zeitliche Verlauf des Widerstandes in Form von nicht rückwirkungsfrei verketteten, elektrischen, thermodynamischen und mechanischen Differentialgleichungen angeschrieben werden. Dabei ist fraglich, ob diese Gleichungen unter Verwendung einer als elektrischer Widerstand definierten Größe lösbar sind.

Insbesondere geben die vorgenannten Überlegungen keinen Aufschluß über die Verteilung der Stromdichte und die Engewiderstände innerhalb des Buckels. Nach [3] und [4] gibt aber gerade die Betrachtung solcher charakteristischer Stromlinienkonzentrationen, die nach Anordnung und Größe durch die Dimensionierung der Buckelform beeinflußbar sind, neue Gesichtspunkte.

Die Unterschiede der Buckelformen wirken sich besonders stark auf die erreichbaren Scherzugkräfte aus, wenn mit sehr kurzen Schweißzeiten geschweißt werden soll.

Es kann festgestellt werden, daß diese und andere Verkettungen der Einflußfaktoren des Buckelschweißprozesses zu Potenzprodukten o. ä. möglicherweise einen Zusammenhang mit der erzielbaren Festigkeit der Schweißverbindung aufzeigen. Jedoch ist die exakte Bestimmung der einzelnen Faktoren dieser Produkte zu ungenau, um daraus Rückschlüsse auf die Güte der Schweißung ziehen zu können. Zur Ermittlung der Qualität der Schweißungen in Abhängigkeit von den Einflußgrößen müssen sich die Untersuchungen also ausschließlich auf Versuchsschweißungen stützen. Allerdings finden die o. a. Gleichungen bzw. daraus resultierende Überlegungen bei der Anordnung der Versuchsreihen und der Variation der Einstelldaten gebührende Berücksichtigung.

Zurückgreifend auf Gl. (1) kann eine bestimmte, der Schweißverbindung zugeführte Wärmemenge Q in gewissen Grenzen sowohl durch einen niedrigen Schweißstrom bei langer Schweißzeit als auch durch einen hohen Strom bei kurzer Schweißzeit erzeugt werden. Geht man von dem weiter oben angeführten Gedanken aus, daß ein bestimmter Zusammenhang zwischen der erzielten Festigkeit der Verbindung und der eingebrachten Wärme besteht, so ergeben sich größere Bereiche, in denen der Schweißstrom, die Schweißzeit und auch die Elektrodenkraft variiert werden können, ohne daß eine Mindestscherzugkraft unterschritten wird. Das bedeutet, daß ein und dieselbe Festigkeit durch verschiedene Maschineneinstellungen erzielbar ist, von denen allerdings nur eine wirtschaftlich optimal ist.

3. Versuchseinrichtung

3.1 Schweißmaschine

Die Untersuchungen werden auf einer Punktschweißmaschine vom Typ P 5 c der Firma Brown, Boveri & Cie. durchgeführt. Diese Einheit ist mit einem Steuergerät vom Typ PUENZI des gleichen Herstellers gekoppelt. Der elektrische Anschluß der Maschine ist einphasig an ein Drehstromnetz von 380 V.
Die Elektrodenkraft wird pneumatisch aufgebracht und ist stufenlos zwischen 0 und 600 kg bzw. 350 und 900 kg einstellbar. Die Dämpfung der Elektrodenbewegung kann zwischen 0 (nicht gedrosselte Elektrodenbewegung) und einem nicht näher definierten Maximalwert stufenlos eingestellt werden.
Der Schweißstrom wird durch Phasenanschnitt (Ignitron) gesteuert. Über einen achtteiligen Grob- und einen zehnteiligen Feinstufenschalter ist die Größe des Schweißstromes einstellbar. Ebenso ist eine Anschwellzeit (Slope up) für den Schweißstrom wählbar.

Abb. 5 Versuchseinrichtung

Die Schweißzeitsteuerung erfolgt über sogenannte R-C-Kreise. Folgende Abstufungen sind möglich:

Skalenteile	1–10	11	12	13	14	15	16	17	18	19	20	21	22	23	24
Schweißzeit (Perioden)	1–10	12	14	16	19	23	28	33	38	45	53	63	73	85	100

Vor- und Nachpreßzeiten sind nach gleichem Schema wählbar.
Für die Versuche werden Elektroden mit der Werkstoffbezeichnung »Mallory 100« verwendet. Der Durchmesser der Elektrodenarbeitsfläche beträgt 25 mm.
Die Abb. 5 zeigt die Anordnung der Schweißeinrichtung.

3.2 Meßgeräte

Die wirksame Elektrodenkraft wird durch ein geeichtes Manometer angezeigt. Die Eichung wird mit einem Kraftmeßbügel der Firma Siemens vorgenommen.
Größe und Verlauf des Schweißstromes werden unter Verwendung eines Rogowski-Gürtels mit nachgeschalteter Integriereinheit auf einem schreibenden Meßgerät registriert. Der Rogowski-Gürtel liegt um die Sekundärschleife der Schweißmaschine. Die bei fließendem Schweißstrom im Gürtel induzierte Spannung wird in einer Einheit integriert und verstärkt und dieses Signal einem Schreiber vom Typ Oscillomink der Firma Siemens übermittelt. An Hand der Oscillogramme kann die Größe des effektiven Schweißstromes errechnet werden. Zusätzlich ist ein nach dem gleichen Prinzip arbeitender Impulsstrommesser der Firma Siemens installiert, der bei Wiederholungen von Schweißungen zur Kontrolle der Stromwerte dient.
Für besondere Untersuchungen steht noch ein Energiemeßgerät der Firma Rohde & Schwarz zur Verfügung, das die elektrische Arbeit bzw. Leistung des Schweißprozesses messen kann.
Die Messung der Schweißzeit ist nicht notwendig, da die am Steuerschrank der Schweißeinheit vorgewählte Zeit beliebig oft reproduzierbar ist. Zur Kontrolle kann außerdem das o. a. Oscillogramm ausgewertet werden.

3.3 Prüfgeräte

Zur Prüfung der geschweißten Proben wird ausschließlich der sogenannte »freie Scherzugversuch« angewendet. Diese Art der Prüfung kommt den Belastungen in der Praxis am nächsten und kann als ausreichendes Kriterium für die Qualität der Schweißung angesehen werden. Die hierfür notwendigen Zugversuche werden auf einer Universalprüfmaschine vom Typ UHP 60 der Firma Losenhausenwerk durchgeführt.

4. Versuchsmaterial

4.1 Verwendete Bleche

Für die Versuche stehen Stahlbleche zur Verfügung, deren Sortenbezeichnung (nach DIN 1623), Dicke, Zugfestigkeiten und chemischen Analysen in nachstehender Tabelle aufgeführt sind. Es handelt sich hierbei um Bleche der Sondertiefziehgüte, wie sie vornehmlich im Karosseriebau verwendet werden.

Der in der Tabelle angegebene Faktor K ist ein Umrechnungsfaktor, der zur einheitlichen Bewertung der zu ermittelnden Scherzugkräfte dient. Als Bezugsfestigkeit wird festgesetzt:

$$\sigma_B = 30 \ [kg/mm^2]$$

Der Faktor K ergibt sich aus dem Verhältnis der Bezugsfestigkeit zur ermittelten Festigkeit des Bleches:

$$K = \frac{\sigma_{B\ bezug}}{\sigma_B} \tag{4}$$

Tab. 1 Werkstoffangaben

Blechsorte	Blechdicke [mm]	σ_B [kg/mm²]	K	Chemische Analyse in %				
				C	Si	Mn	P	S
St 1404	1,00	28,8	1,070	0,05	Spuren	0,27	< 0,05	< 0,05
St 1404	1,25	30,1	0,997	0,04	Spuren	0,30	< 0,05	< 0,05
St 1404	1,50	28,8	1,070	0,05	Spuren	0,23	< 0,05	< 0,05
St 1405	1,75	35,1	0,855	0,12	0,06	0,35	< 0,05	< 0,05
St 1405	2,00	30,8	0,976	0,07	Spuren	0,34	< 0,05	< 0,05
St 1404	2,50	30,5	0,984	0,05	Spuren	0,27	< 0,05	< 0,05
St 1303	3,00	30,3	0,991	0,05	Spuren	0,34	< 0,05	< 0,05

4.2 Probenvorbereitung

Die Bleche werden zu folgenden Probengrößen zurechtgeschnitten:

Probenlänge $l = 70$ mm für alle Dicken
Probenbreite $b_1 = 25$ mm für Blechdicken
$\qquad s = 1,00$ mm bis $s = 1,75$ mm
$\qquad b_2 = 35$ mm für Blechdicken
$\qquad s = 2,00$ mm bis $s = 3,00$ mm

Die Blechoberfläche ist zum Schutz gegen Korrosion eingeölt. Der Ölfilm muß vor dem Schweißen entfernt werden.

4.3 Verwendete Buckel

Drei verschiedene Buckeltypen werden bei den Untersuchungen verwendet. Zum Buckelschweißen von Stahlblechen werden diese Typen von folgenden Institutionen bzw. Forschern empfohlen:

    International Institute of Welding (IIW)

    American Welding Society (AWS)

    Harris + Riley (H + R)

(Im folgenden werden diese Buckeltypen jeweils mit den in Klammern gesetzten Kurzzeichen bezeichnet.)

Die geometrische Ausbildung der Buckel sowie die Abmaße der Prägewerkzeuge für die verschiedenen Blechdicken sind in den Abb. 6, 7 und 8 sowie in den Tab. 2, 3 und 4 wiedergegeben. In Diagramm 1 sind die Anwendungsbereiche der drei Buckeltypen zu Vergleichsgründen graphisch dargestellt.

Für die Untersuchungen werden die Buckel derart in die Bleche geprägt, daß sie bei überlappter Anordnung der Bleche in der Mitte der Überlappung liegen. Die Überlappung ist dabei jeweils gleich der Probenbreite.

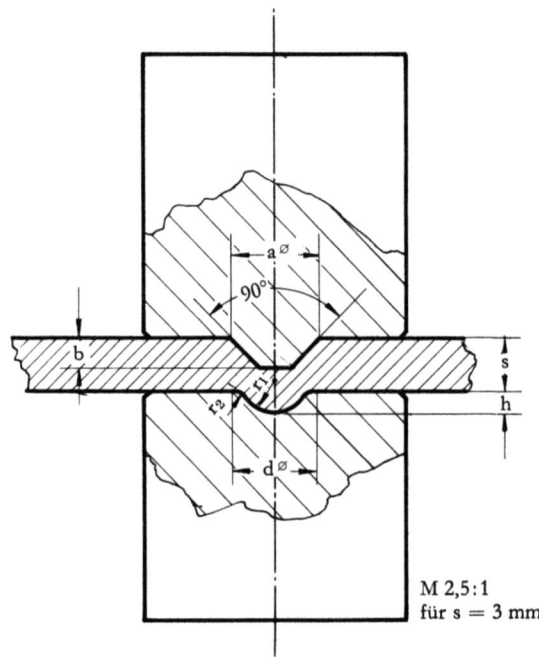

Abb. 6 Buckeltyp nach IIW

Tab. 2 *Abmessungen für den Buckeltyp nach* IIW

Kurzbezeichnung	s mm	d mm	h mm	r_1 mm	r_2 mm	b mm	a mm
M 6	0,53 ÷ 0,69	3,0	0,71	1,27		1,02	2,64
M 8	0,71 ÷ 0,94	3,36	0,787	1,42		1,14	3,0
M 10	0,97 ÷ 1,32	3,81	0,889	1,6		1,27	3,46
M 15	1,25 ÷ 1,80	4,32	0,99	1,8		1,42	4,06
M 20	1,83 ÷ 2,51	4,82	1,12	2,03		1,6	4,7
M 30	2,54 ÷ 3,40	5,4	1,24	2,28		1,8	5,39

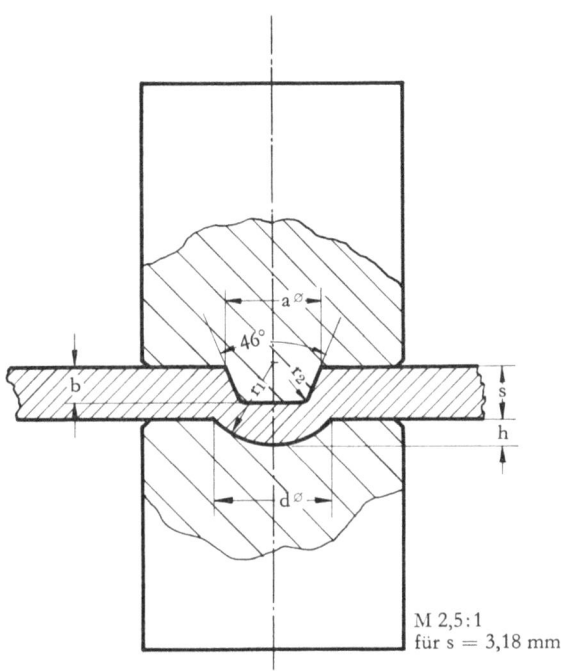

Abb. 7 Buckeltyp nach AWS

Tab. 3 *Abmessungen für den Buckeltyp nach AWS*

Kurzbezeichnung	s mm	d mm	h mm	r_1 mm	r_2 mm	b mm	a mm
AWS 3	0,63	2,06	0,508	1,27	0,127	0,63	1,67
AWS 4/5	0,79 ÷ 0,89	2,39	0,559	1,57	0,127	,76	1,89
AWS 6/7	1,11 ÷ 1,27	3,02	0,711	1,98	0,127	0,89	2,35
AWS 8/9	1,57 ÷ 1,81	3,94	0,89	2,67	0,127	1,1	3,05
AWS 10	1,98	4,75	1,04	3,25	0,254	1,4	3,97
AWS 11	2,39	5,54	1,22	3,76	0,254	1,65	4,34
AWS 12	2,77	6,35	1,37	4,37	0,4	1,9	5,17
AWS 13	3,18	7,13	1,52	4,9	0,4	2,16	5,81

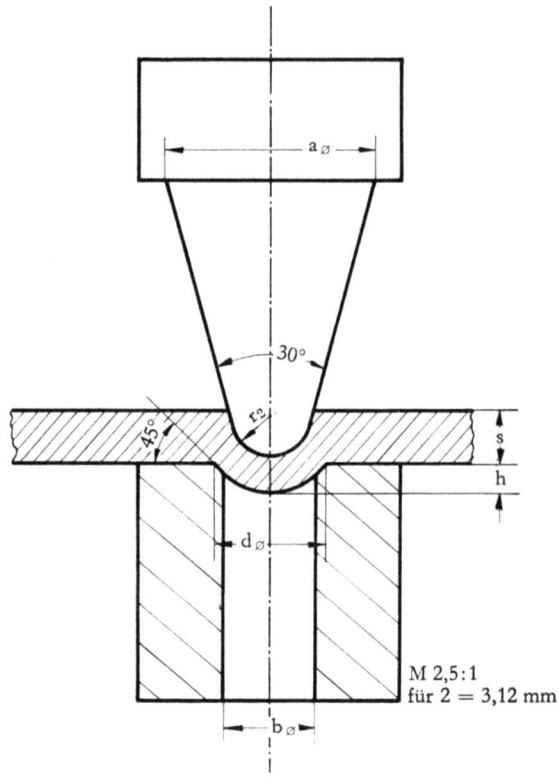

Abb. 8 Buckeltyp nach H + R

Tab. 4 *Abmessungen für den Buckeltyp nach* H + R

Kurzbezeichnung	s mm	d mm	h mm	r_1 mm	r_2 mm	b mm	a mm
T 1	0,56 ÷ 0,86	2,28	0,635		0,787	1,93	9,5
T 2	0,91 ÷ 1,10	2,8	0,89		1,19	2,26	9,5
T 3	1,25 ÷ 1,37	3,56	0,97		1,19	2,64	9,5
T 4	1,55 ÷ 1,70	3,81	1,06		1,57	3,05	9,5
T 5	1,95	4,57	1,22		1,57	3,66	9,5
T 6	2,34	5,34	1,27		1,98	4,37	12,7
T 7	2,72	6,1	1,4		1,98	4,98	12,7
T 8	3,12	6,86	1,47		2,39	5,61	12,7

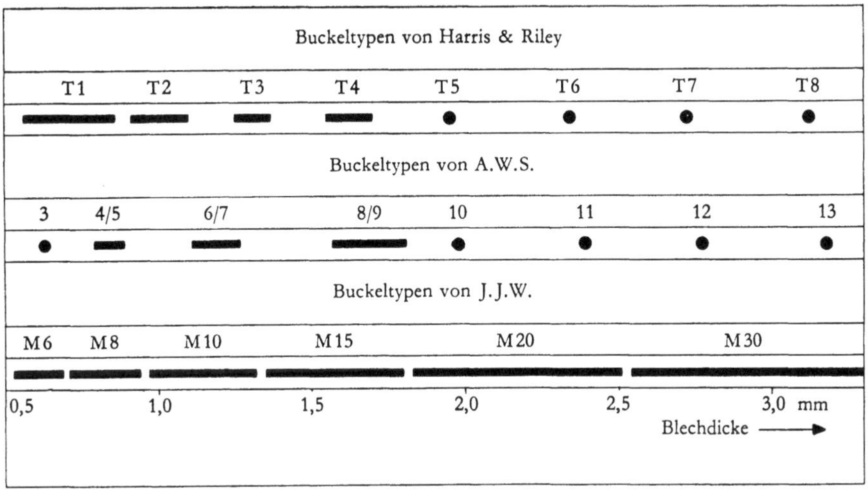

Buckeltypen von Harris & Riley							
T1	T2	T3	T4	T5	T6	T7	T8
▬▬	▬	▬	▬	●	●	●	●
Buckeltypen von A.W.S.							
3	4/5	6/7	8/9	10	11	12	13
●	▬	▬	▬▬	●	●	●	●
Buckeltypen von J.J.W.							
M6	M8	M10	M15	M20		M30	

0,5   1,0   1,5   2,0   2,5   3,0 mm
Blechdicke ⟶

Diagramm 1   Anwendungsbereiche der verschiedenen Buckeltypen und -größen

5. Versuchsdurchführung

Bei der Durchführung der Untersuchungen sind der Änderung der Einstellgrößen Strom, Zeit und Elektrodenkraft Grenzen gesetzt:

Schweißstrom: Bei konstanter Zeit/Elektrodenkraft-Kombination ergibt zu niedriger Strom eine ungenügende Festigkeit. Bei zu großem Strom tritt starkes Spritzen verbunden mit einer Beschädigung der Elektroden und des Werkstückes auf.

Schweißzeit: Bei konstanter Strom/Elektrodenkraft-Kombination ergibt eine zu kurze Schweißzeit ungenügende Festigkeit. Bei zu langer Schweißzeit kann starkes Spritzen auftreten. Ebenso trägt eine zu lange Schweißzeit nicht dazu bei, die Festigkeit der Schweißverbindung zu verbessern, da der Ausdehnung der Schweißlinse durch Abkühlung des sie umgebenden Werkstoffes Grenzen gesetzt sind. Außerdem tritt eine unerwünschte Versprödung der Schweißverbindung ein.

Elektrodenkraft: Diese Einflußgröße ist in erster Linie von der Steifigkeit des verwendeten Buckels abhängig. Eine zu geringe Elektrodenkraft führt zu schlechter Schweißung verbunden mit starkem Spritzen. Eine zu große Kraft kann eine Entartung der Schweißlinse oder sogar ein vollständiges Eindrücken des Buckels vor Beginn des Schweißprozesses zur Folge haben.

Zunächst wird durch Versuche die Steifigkeit der einzelnen Buckeltypen bei Verwendung der angegebenen Blechdicken untersucht. Damit kann der Bereich, in dem die Elektrodenkraft variierbar ist, eingeengt worden. Hierzu werden jeweils drei Buckel mit derselben Elektrodenkraft belastet und die Verminderung der Buckelhöhe mit einer Mikrometerschraube gemessen. Nach Vergrößerung der Elektrodenkraft werden wiederum drei Proben belastet usf. Auf diese Weise erhält man ein genaues Bild über die Steifigkeit des Buckels. An dieser Stelle sei vermerkt, daß das Setzen der Elektrode bei diesen wie auch bei späteren Untersuchungen bei voll wirksamer Dämpfung geschieht. Dadurch wird eine zusätzliche Verformung des Buckels infolge der kinetischen Energie des Elektrodenkopfes vermieden. Nach dem Aufsetzen der Elektrode wird die Dämpfung ausgeschaltet, damit die Kraft voll zur Wirkung kommt und – vor allem bei den später durchzuführenden Schweißversuchen – der Kopf dem Zusammenbruch des Buckels möglichst verzögerungsfrei folgen kann.

Weiterhin wird in Vorversuchen festgestellt, ob sich bei bestimmten Elektrodenkraft/Strom-Kombinationen in Abhängigkeit von der Schweißzeit Optimalbereiche erreichen lassen.

Für die jeweilige Blechdicke und den jeweiligen Buckeltyp wird also einmal die Stromstärke konstant gehalten und für drei verschiedene Elektrodenkräfte die Abhängigkeit der Scherzugkraft von der Schweißzeit festgestellt. Im anderen Falle ist die Elektrodenkraft konstant und für drei verschiedene Stromeinstellungen wird ebenfalls die Scherzugkraft in Abhängigkeit von der Schweißzeit ermittelt.

6. Ergebnisse und ihre Auswertung

Unter 3.3 ist der »freie Scherzugversuch« als geeignetes Kriterium zur Beurteilung der Qualität der Schweißung festgelegt worden. Zur Klarstellung sei aufgezeigt, daß von den in den Abb. 9, 10 und 11 gezeigten Schweißproben nur die Art der Probenzerstörung gewertet wird, die Abb. 10 wiedergibt. In Abb. 9 ist eine Probe fotografiert, deren Schweißverbindung eine ungenügende Qualität aufweist. Allerdings ist es möglich, daß die auf solche Art zerstörten Proben Festigkeitswerte erreichen, die gleich oder größer jenen Werten sind, die im Zugversuch beim Ausknöpfen der Schweißlinse erreicht werden (Abb. 10). Trotzdem

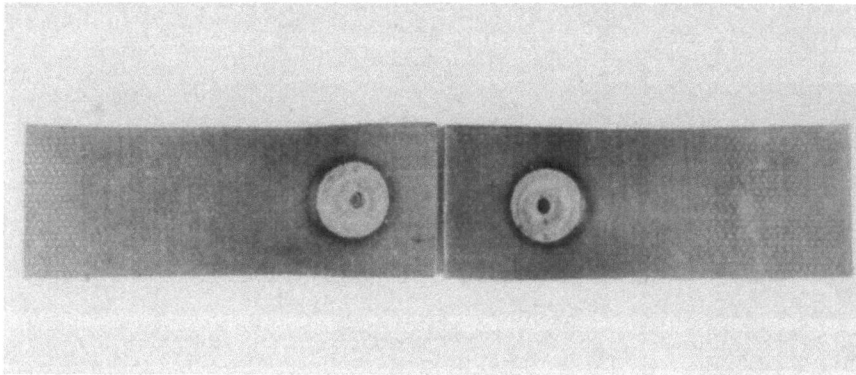

Abb. 9   Zerreißprobe mit nicht auswertbarem Ergebnis
         Nicht ausreichende Verschweißung

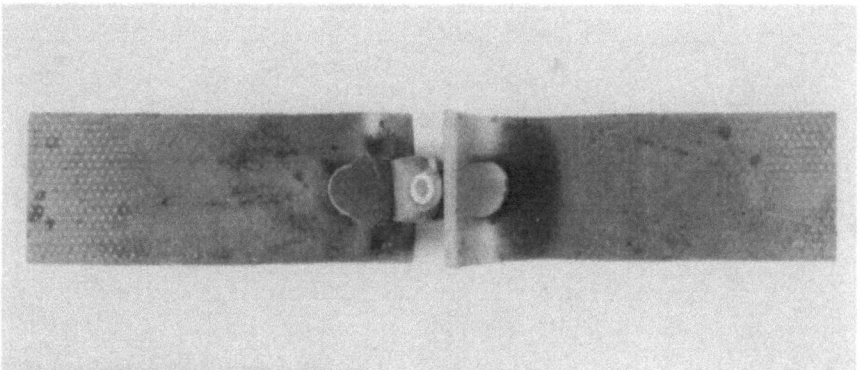

Abb. 10   Zerreißprobe mit ausgeknöpfter Schweißlinse
          Ergebnis auswertbar

werden diese Proben nicht in die Bewertung mit einbezogen. Die Abb. 11 gibt ebenso eine nicht bewertbare Form der Probenzerstörung wieder. Hier ist die Festigkeit der Verbindung größer, als die Festigkeit des Probebleches.

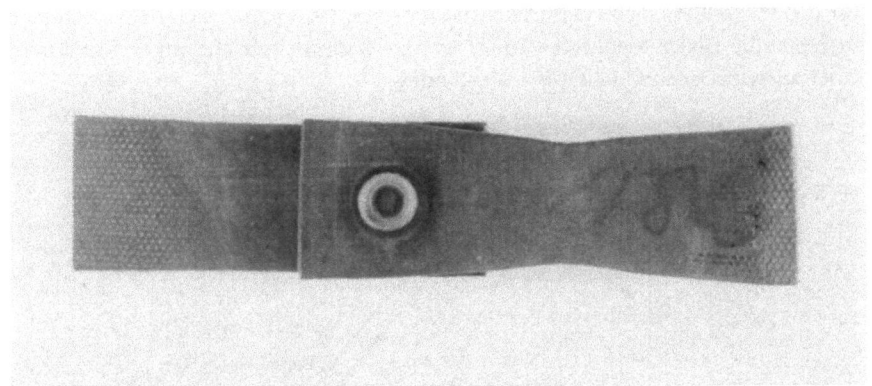

Abb. 11   Zerreißprobe mit nicht auswertbarem Ergebnis
Probenbreite zu gering

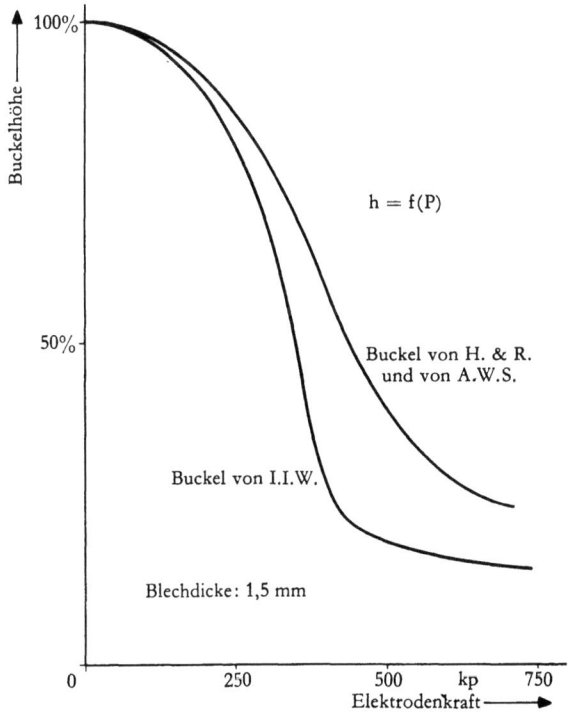

Diagramm 2   Abnahme der Buckelhöhe in Abhängigkeit von der Elektrodenkraft
Blechdicke $s = 1,0$ mm

In den Diagrammen 1 und 2 ist die Abhängigkeit der Buckelhöhe von der Elektrodenkraft für die verschiedenen Buckeltypen und die Blechdicken s = 1,5 mm und s = 3,0 mm dargestellt. Für die übrigen untersuchten Blechdicken ist die gleiche Tendenz festgestellt und bei der Wahl der Elektrodenkraft für die Schweißversuche berücksichtigt worden. Es ergeben sich dabei Bereiche, in denen die Elektrodenkraft variiert werden kann bei gleichzeitiger Erreichung einer ausreichenden Qualität der Verbindung.

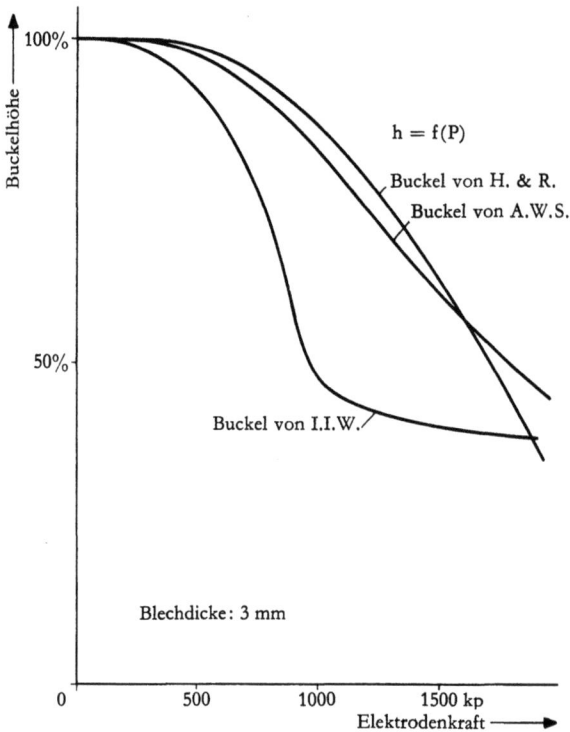

Diagramm 3 Abnahme der Buckelhöhe in Abhängigkeit von der Elektrodenkraft
Blechdicke s = 3,0 mm

Die Diagramme 3 und 4 veranschaulichen als Beispiel die Methode, nach der die Optimalbereiche für die Schweißzeit ermittelt worden sind. In der Darstellung zeigt sich unter (2) deutlich ein Optimum für die Abhängigkeit der Scherzugkraft von der Schweißzeit. Der schraffierte Bereich wird als Optimalbereich festgelegt.

In diesen Diagrammen ist gleichzeitig für die gewählten Parameter der Verlauf des Quotienten P_z/E in Abhängigkeit von der Schweißzeit dargestellt. Dieser Quotient stellt das Verhältnis von erreichter Scherzugkraft zu zugeführter elektrischer Energie pro Schweißung dar.

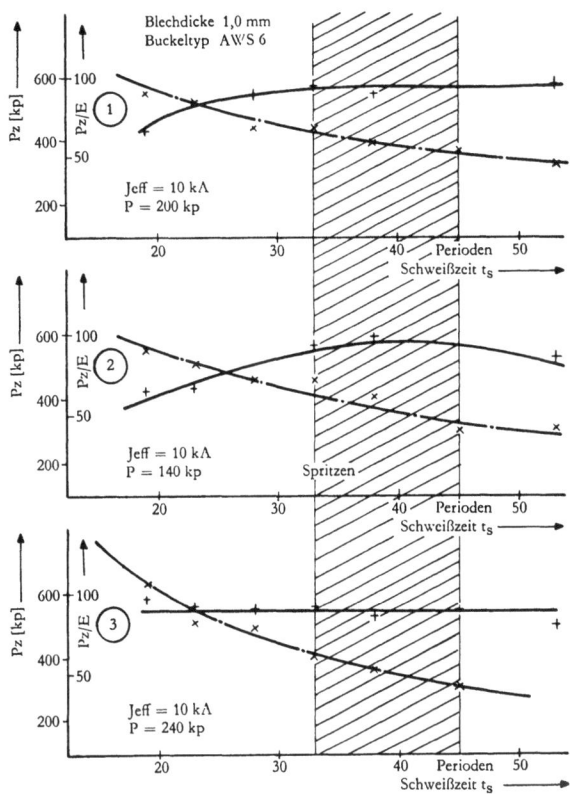

Diagramm 4   Ermittlung des optimalen Schweißzeitbereiches
J = const, P = variabel

In den nachfolgenden Tab. 5, 6 und 7 sind die aus den Untersuchungen sich ergebenden Bereiche, in denen die Elektrodenkraft bzw. die Schweißzeit variiert werden kann, zusammengefaßt. Ebenso sind für den Schweißstrom Bereiche aufgestellt. Die Grenzen ergeben sich zu niedrigeren Werten durch ungenügende Festigkeit der Verbindung, zu größeren Werten durch unerträgliches Spritzen während des Schweißens.

Bei Auswertung dieser Versuchsergebnisse wird die Feststellung gemacht, daß die Elektrodenkraft für Bleche der Dicke $s = 1{,}0$ mm nur in einem sehr kleinen Bereich variiert werden kann. Für diese Bleche ist die Häufigkeit von Fehlschweißungen am größten. Betrachtet man diesbezüglich die in den Diagrammen 2 und 3 dargestellten Abhängigkeiten der Buckelhöhe von der Elektrodenkraft, so kann festgestellt werden, daß die Steifigkeit des jeweiligen Buckeltyps mit geringer werdender Blechdicke abnimmt. Daraus kann gefolgert werden, daß der Einfluß der Elektrodenkraft bei dünnen Blechen viel größer ist, als bei dickeren Blechen.

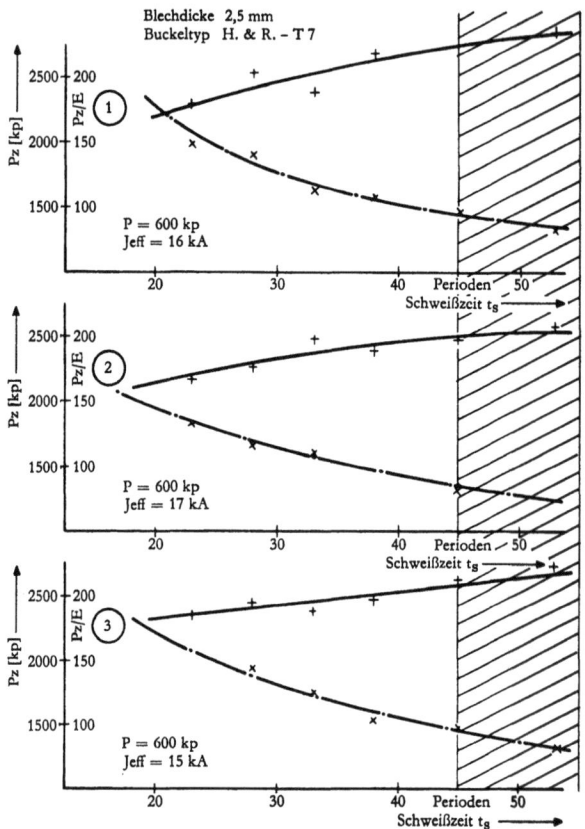

Diagramm 5 Ermittlung des optimalen Schweißzeitbereiches
P = const, J = variabel

Die Steifigkeit des Buckels ist so gering, daß bei Überschreiten der vorgeschriebenen Elektrodenkraft der Buckel zu sehr vorgestaucht wird und der völlige Zusammenbruch beim Einschalten des Schweißstromes in weniger als einer Periode erfolgt. Zu diesem Zeitpunkt liegen die Bleche schon satt aufeinander. Trotz guter Oberflächenbeschaffenheit kann sich dann an irgendeiner Stelle zwischen den Blechen innerhalb der Überlappung ein Nebenschluß bilden, der zu einer im Bild gezeigten unerwünschten Fehlschweißung führt.

Ferner ist aus den Untersuchungsergebnissen zu ersehen, daß das Blech der Dicke s = 1,75 mm ein von den andern Blechen abweichendes Schweißverhalten zeigt. Als Begründung hierfür sei auf die in Tab. 1 aufgeführten ebenso abweichenden Festigkeits- und Analysenwerte hingewiesen.

Einer der häufigsten Fehler, der beim Schweißen dünner Bleche auftritt, ist in Abb. 12 wiedergegeben.

Tab. 5 IIW-*Buckeltyp*
Zu untersuchende Strom-, Zeit- und Elektrodenkraftbereiche

Blechdicke s [mm]	Schweißstrom Jeff. [kA]	Elektrodenkraft P [kg]	Schweißzeit t [Per]
1,00	9,0–11,5	140	28–38
1,25	9,0–10,0	160–200	28–38
1,50	11,5–12,0	300–340	33–45
1,75	13,0–14,0	400–500	53–73
2,00	14,0–17,0	520–600	38–73
2,50	16,5–19,0	640–760	45–85
3,00	19,0–20,0	820–900	45–85

Tab. 6 AWS-*Buckeltyp*
Zu untersuchende Strom-, Zeit- und Elektrodenkraftbereiche

Blechdicke s [mm]	Schweißstrom Jeff. [kA]	Elektrodenkraft P [kg]	Schweißzeit t [Per]
1,00	11,0–12,0	180	33–45
1,25	9,0–11,0	220–260	38–45
1,50	9,5–11,0	300–340	38–53
1,75	12,0–14,0	400–500	53–73
2,00	13,0–15,5	520–600	38–53
2,50	16,5–19,0	640–760	45–85
3,00	19,0–20,0	820–900	45–85

Tab. 7 H + R-*Buckeltyp*
Zu untersuchende Strom-, Zeit- und Elektrodenkraftbereiche

Blechdicke s [mm]	Schweißstrom Jeff. [kA]	Elektrodenkraft P [kg]	Schweißzeit t [Per]
1,00	9,5–11,5	160–180	33–45
1,25	10,5–12,0	200–220	33–45
1,50	12,0–13,0	240–300	38–53
1,75	12,0–13,0	400–420	45–53
2,00	14,0–17,0	520–600	45–73
2,50	16,5–19,0	640–760	45–85
3,00	19,0–20,5	820–900	45–85

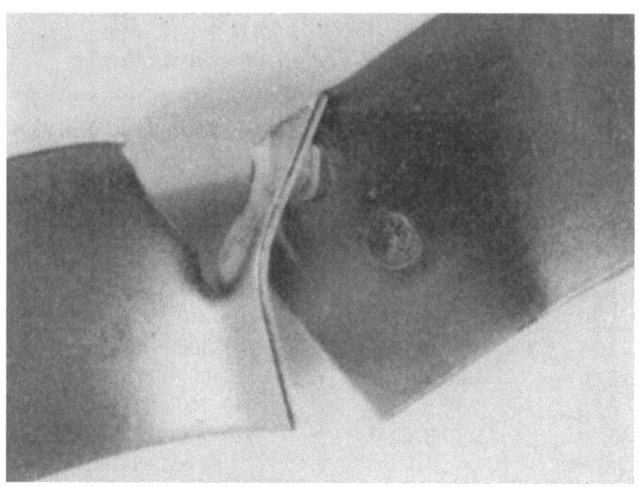

Abb. 12 Buckelschweißung mit Nebenschluß
Blechdicke s = 1,0 mm, Buckeltyp IIW

7. Untersuchung der Reproduzierbarkeit

Die unter 6. ermittelten Schweißdatenbereiche werden in weiteren Versuchsreihen als Grundlage für die Untersuchung der Reproduzierbarkeit der Schweißungen verwendet. Innerhalb dieser günstigen Bereiche wird die Schweißzeit variiert und verschiedene Elektrodenkraft/Strom-Kombinationen gewählt. Mit jeder Schweißmaschineneinstellung werden elf Proben geschweißt. Hiervon werden zehn zerrissen und der arithmetische Mittelwert der erreichten Scherzugkräfte errechnet. Dieser Wert wird als Repräsentativwert festgehalten. Die elfte Probe ist zur Anfertigung eines Makroschliffes vorgesehen. Die in diesen Untersuchungen gewählten Schweißdaten und die dabei erreichten Festigkeiten der Verbindung sind in den Tab. 8, 9 und 10 wiedergegeben. Außerdem wird in der Spalte »Bemerkungen« eine Beurteilung des Schweißablaufes bewertet. Die Zahlen und Zeichen in dieser Spalte haben folgende Bedeutung:

1 = Spritzerfreies Schweißen
2 = Schweißen mit geringfügigen Spritzern
3 = Schweißen mit starkem, unzulässigem Spritzen
+ = Ausknöpfen der Schweißlinse bei allen zehn Proben im Scherzugversuch
− = Eine oder mehr Linsen sind *nicht* ausgeknöpft
X = Je Buckeltyp und Blechdicke wird aus der Gruppe der Gesamtschweißungen die so bezeichnete Einstellung der Maschine als empfehlenswert herausgestellt. Die Reproduzierbarkeit ist in diesem Falle gegeben.

Die Auswahl dieser mit X bezeichneten Daten erfolgt nach folgenden Gesichtspunkten:

a) Beim Scherzugversuch muß die Schweißlinse in jedem Fall ausknöpfen.
b) Nach Möglichkeit darf beim Schweißen nur geringes Spritzen auftreten.
c) Die Probe muß ein gutes Aussehen haben.
d) Nach Möglichkeit wird ein solcher Wert gewählt, der eine geringe Schweißzeit aufweist.

Der in den Tabellen mit J^*_{eff} angegebene Schweißstrom repräsentiert den Wert, der innerhalb elf Schweißungen am häufigsten auftritt.
Die Angabe P^*_z dagegen ist der weiter oben angeführte arithmetische Mittelwert der Scherzugkräfte.
In den Tab. 11, 12 und 13 sind die Werte zusammenfassend aufgeführt, die in den vorangegangenen Untersuchungen sich als optimal herausgestellt haben. Zusätzlich zum angegebenen arithmetischen Mittelwert der erreichten Scherzugkräfte sind unter der Bezeichnung $P_{z\,max}$ und $P_{z\,min}$ die Grenzwerte der Streuung

Tab. 8 Nachweis der Reproduzierbarkeit
Buckeltyp IIW

Blech-dicke	Schweiß-zeit	Elek-troden-kraft	Schweiß-strom	Scherzug-kraft	Bemerkungen
s	t	P	J_{eff}^{*}	P_z^*	
[mm]	[Per]	[kg]	[kA]	[kg]	
1,00	28	140	8,4	593	2/3 +
	33	140	7,9	509	2/3 —
	33	140	8,0	525	2/3 —
	33	140	8,5	604	X 2/3 +
	38	140	8,5	600	2/3 —
1,25	28	200	9,5	963	2 +
	33	160	9,7	932	2 +
	33	200	10,0	968	X 1/2 +
	38	200	9,9	965	2 +
1,50	33	300	11,5	1227	2 +
	33	300	12,1	1267	2 +
	33	340	12,0	1280	2 +
	38	300	12,0	1280	X 2 +
	45	300	12,0	1273	2 +
1,75	53	400	14,0	1712	2/3 —
	63	400	14,1	1735	X 2 +
	73	400	14,0	1696	2 —
	73	440	13,1	1684	2 —
	73	500	14,0	1771	2 —
2,00	38	560	15,4	2057	2 +
	53	520	14,0	2069	X 2 +
	53	560	15,8	2126	2 +
	53	600	17,0	2170	2 +
	73	560	16,2	2125	2 +
2,50	45	700	17,5	2825	2 +
	63	640	16,5	2868	2 +
	63	700	17,5	2889	X 2 +
	63	760	19,0	2935	2/3 +
	85	700	17,5	2931	2 +
3,00	45	900	20,0	3582	2 +
	63	820	19,0	3326	2 +
	63	900	20,0	3689	X 2 +
	85	900	20,1	3759	2 +

Tab. 9 Nachweis der Reproduzierbarkeit
Buckeltyp AWS

Blech-dicke	Schweiß-zeit	Elek-troden-kraft	Schweiß-strom	Scherzug-kraft	Bemerkungen	
s	t	P	J^*_{eff}	P^*_z		
[mm]	[Per]	[kg]	[kA]	[kg]		
1,00	33	180	9,0	596	2	—
	38	180	9,1	609	2	—
	38	180	9,6	646	X 2	+
	45	180	9,1	610	2	+
1,25	38	220	9,0	935	2/3	+
	38	220	9,5	911	X 2	+
	38	240	10,0	972	2/3	+
	38	260	10,0	966	3	+
	45	220	9,5	971	2	+
1,50	38	320	10,1	1219	X 2/3	+
	45	300	9,5	1199	X 2	+
	45	320	10,5	1224	2	+
	45	340	11,0	1216	2	+
	53	320	10,1	1211	2	+
1,75	53	440	13,0	1645	2/3	—
	63	440	13,1	1660	2/3	+
	73	400	12,0	1654	X 2	+
	73	440	13,1	1707	2	—
	73	500	14,0	1722	2	—
2,00	38	560	14,9	2067	2	+
	45	560	15,1	2060	2	+
	53	520	14,0	2067	X 2	+
	53	560	15,1	2101	2/3	—
	53	600	16,0	2100	2	+
	63	560	15,3	2011	2	—
2,50	45	700	17,5	2809	2	+
	63	700	17,5	2965	X 2	+
	63	760	19,0	3016	2	+
	85	700	18,0	2884	2	+
3,00	45	900	19,9	3545	2	+
	63	820	19,0	3567	2	+
	63	900	20,0	3689	X 2	+
	85	900	19,9	3778	2	+

Tab. 10 Nachweis der Reproduzierbarkeit
        Buckeltyp H + R

Blech-dicke	Schweiß-zeit	Elek-troden-kraft	Schweiß-strom	Scherzug-kraft	Bemerkungen	
s [mm]	t [Per]	P [kg]	J^*_{eff} [kA]	P^*_z [kg]		
1,00	33	160	9,8	504	2	—
	33	180	10,3	646	2/3	+
	38	180	10,5	652	2/3	—
	38	180	10,0	529	2	—
	45	180	9,5	661	X 2	+
1,25	33	200	10,7	901	2/3	+
	38	200	10,8	931	2	+
	38	200	11,0	992	X 2	+
	38	220	11,6	973	2	+
	45	200	11,5	936	2/3	+
1,50	38	300	12,0	1174	2/3	—
	45	240	13,0	1166	2/3	+
	45	260	12,0	1213	2	+
	45	280	12,0	1215	2/3	+
	45	300	12,0	1232	X 2	+
	53	300	12,1	1226	2	+
1,75	45	400	11,9	1590	2	—
	45	400	12,0	1632	X 2	+
	45	420	12,9	1631	2	—
	53	400	12,0	1634	2	—
2,00	45	560	14,5	2047	2	+
	53	520	15,9	1987	X 2	+
	53	560	15,2	2039	2	+
	53	580	15,7	2062	2/3	—
	53	600	16,5	2046	2/3	—
	63	560	15,0	2097	2	+
	73	560	14,8	2092	2	+
2,50	45	700	17,4	2898	2	+
	63	640	16,5	3001	2	+
	63	700	17,5	3077	X 2	+
	63	760	19,0	3107	2	+
	85	700	17,5	3077	2	+
3,00	45	900	20,0	3522	2	+
	63	820	19,9	3639	2	+
	63	900	20,0	3650	X 2	+
	85	900	20,0	3732	2	+

Tab. 11 Zusammenstellung optimaler Schweißdaten und damit zu erreichende Scherzugkräfte beim Buckelschweißen von Stahlblech St 1404/05
Buckeltyp: IIW

s [mm]	t [Per]	P [kg]	J^*_{eff} [kA]	P^*_z [kg]	$P_{z\,max}$ [kg]	$P_{z\,min}$ [kg]
1,00	33	140	8,5	604	655	500
1,25	33	200	10,0	968	1015	785
1,50	38	300	12,0	1280	1320	1230
1,75	63	400	14,0	1735	1780	1595
2,00	53	520	14,0	2069	2140	2020
2,50	63	700	17,5	2889	2940	2850
3,00	63	900	20,0	3689	3780	3580

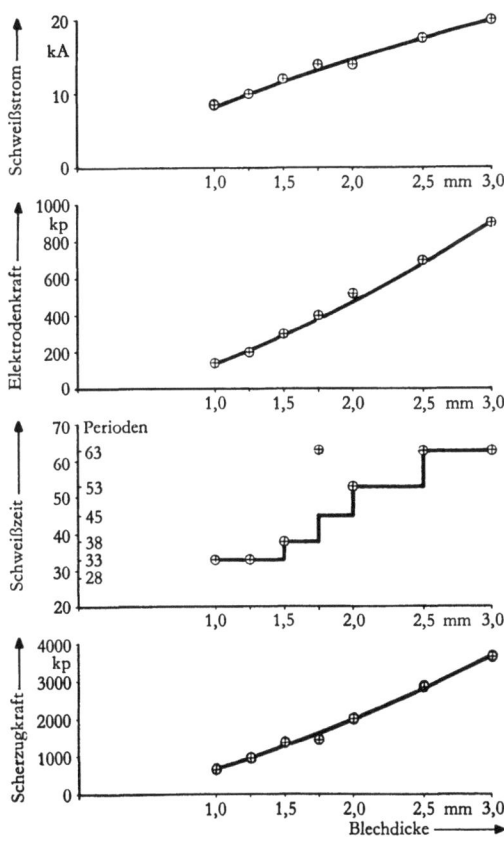

Diagramm 6   Graphische Darstellung der Werte nach Tab. 11

Tab. 12 Zusammenstellung optimaler Schweißdaten und damit erreichbare Scherzugkräfte beim Buckelschweißen von Stahlblech St 1404/05
Buckeltyp: AWS

s [mm]	t [Per]	P [kg]	J^*_{eff} [kA]	P^*_z [kg]	$P_{z\,max}$ [kg]	$P_{z\,min}$ [kg]
1,00	38	180	9,6	644	665	620
1,25	38	220	9,5	911	925	895
1,50	45	300	9,5	1199	1265	1105
1,75	73	400	12,0	1654	1680	1625
2,00	53	520	14,0	2067	2160	2010
2,50	63	700	17,5	2965	3010	2900
3,00	63	900	20,0	3689	3770	3560

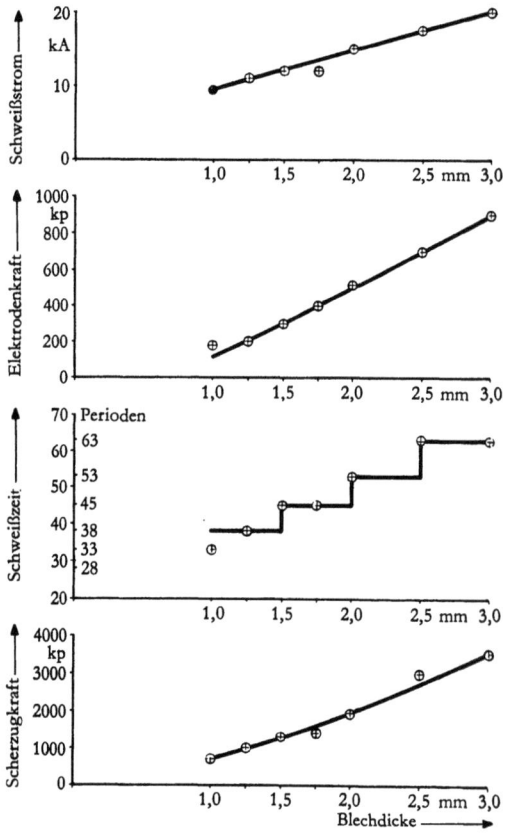

Diagramm 7 Graphische Darstellung der Werte nach Tab. 12

Tab. 13 Zusammenstellung optimaler Schweißdaten und damit erzielbare Scherzugkräfte beim Buckelschweißen von Stahlblech St 1404/05
Buckeltyp: H + R

s [mm]	t [Per]	P [kg]	J^*_{eff} [kA]	P^*_z [kg]	$P_{z\,max}$ [kg]	$P_{z\,min}$ [kg]
1,00	45	180	9,5	661	725	540
1,25	38	200	11,0	992	1145	920
1,50	45	300	12,0	1232	1280	1110
1,75	45	400	12,0	1632	1680	1555
2,00	53	520	15,0	1987	2070	1900
2,50	63	700	17,5	3077	3150	2950
3,00	63	900	20,0	3650	3750	3500

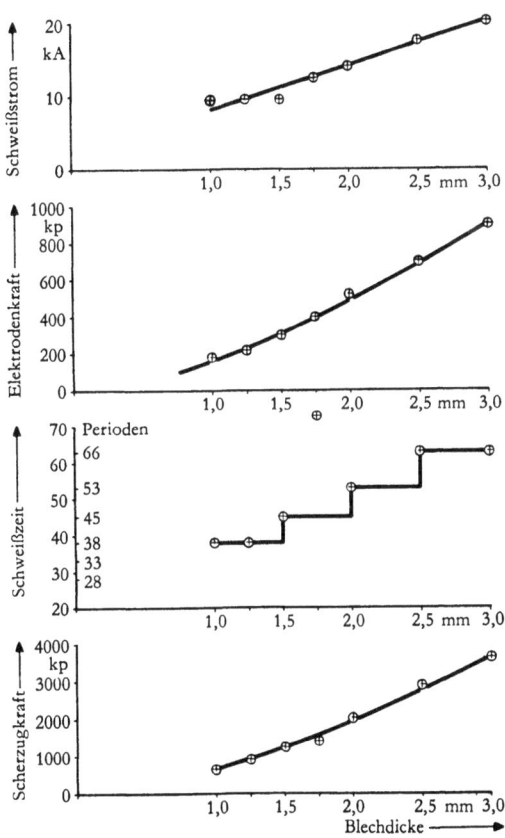

Diagramm 8   Graphische Darstellung der Werte nach Tab. 13

angegeben. Die den Tabellen beigeordneten Diagramme 6, 7 und 8 geben die Tabellenwerte in graphischer Darstellung wieder. Sie können als die eingangs erwähnten Arbeitsrichtlinien angesehen werden.

Beim Vergleich der Diagramme 6, 7 und 8 kann festgestellt werden, daß grundsätzlich Unterschiede beim Verschweißen der drei Buckeltypen nicht auftreten. Für den Blechdickenbereich von $s = 1,0$ mm bis $s = 1,5$ mm sind geringe Differenzen für die Schweißzeiten und Elektrodenkraft/Strom-Kombination aufgezeigt, die aber zu größeren Blechdicken kleiner werden.

Auffallend ist, daß die dünnen Bleche relativ lange Schweißzeiten verlangen. Es ist zwar möglich, mit wesentlich kürzeren Zeiten und entsprechend großen Strömen ähnliche Festigkeitswerte wie die angegebenen zu erreichen. Jedoch ist dann eine Reproduzierbarkeit der Schweißqualität in dem Sinne, wie sie in diesen Untersuchungen erreicht wurden, nicht möglich.

Bei Anwendung der angegebenen Elektrodenkräfte werden die Buckel vor Beginn der Schweißung gestaucht. Diese Vorstauchung ist in Diagramm 9 über der Blechdicke für die drei Buckeltypen aufgetragen. Ähnliches Verhalten der Buckeltypen AWS und H + R ist erkennbar, analog der Steifigkeit, die in Diagramm 2 und 3 dargestellt wurde.

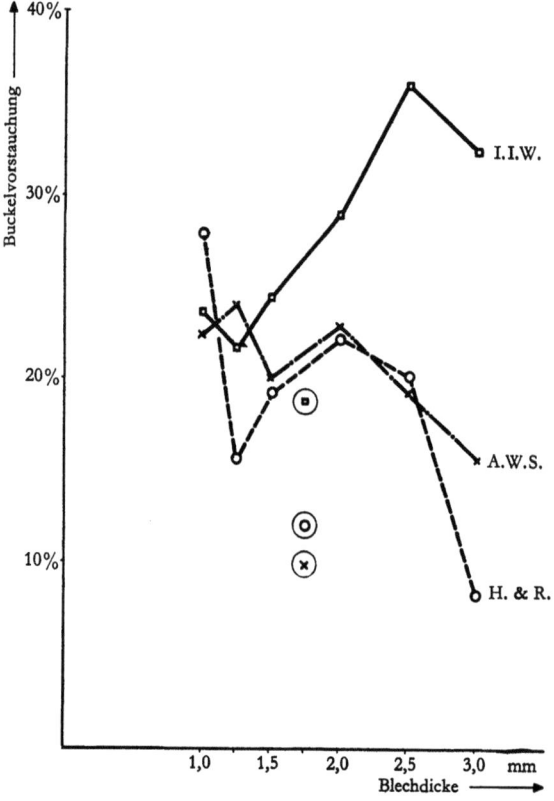

Diagramm 9   Buckelvorstauchung bei Anwendung der empfohlenen Elektrodenkräfte

8. Makroschliffbilder

Abschließend sind in den Abb. 13–33 Makroschliffe von den Proben aufgeführt, die mit den durch die Untersuchungen als empfehlenswert ermittelten Daten geschweißt wurden. Die in einigen Bildern sichtbare Pore inmitten der Schweißlinse hat auf die Festigkeit der Verbindung keinen Einfluß, da beim Scherzugversuch die Bereiche größter Kraftliniendichte in den Randzonen der Linse liegen.
(Alle Bilder: Vergrößerung 4:1; Ätzung 10%ige HNO_3.)

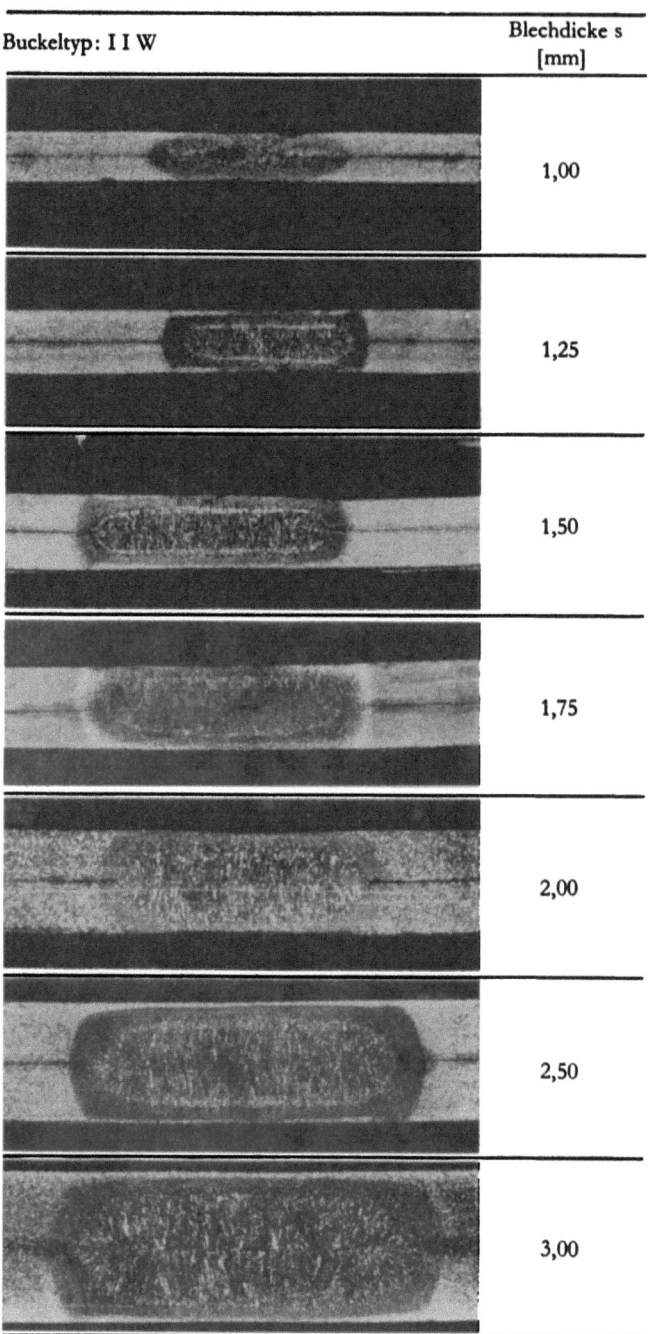

Abb. 13-19 Makroschliff zu Tab. 11

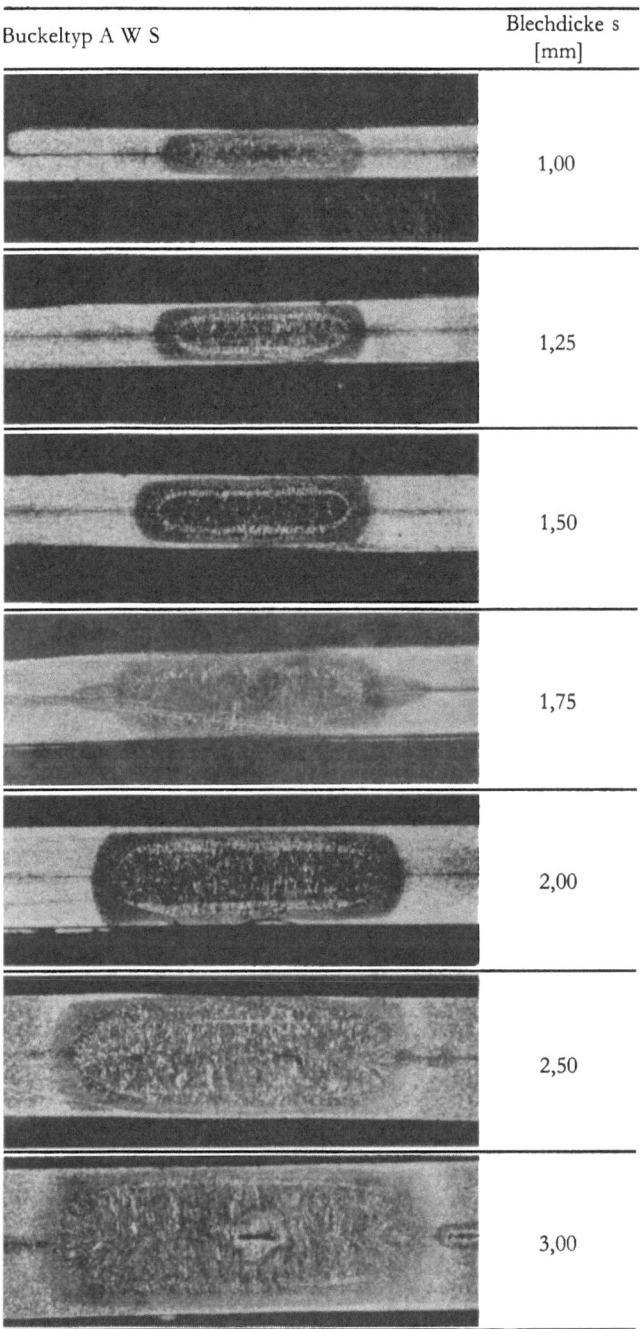

Abb. 20-26 Makroschliff zu Tab. 12

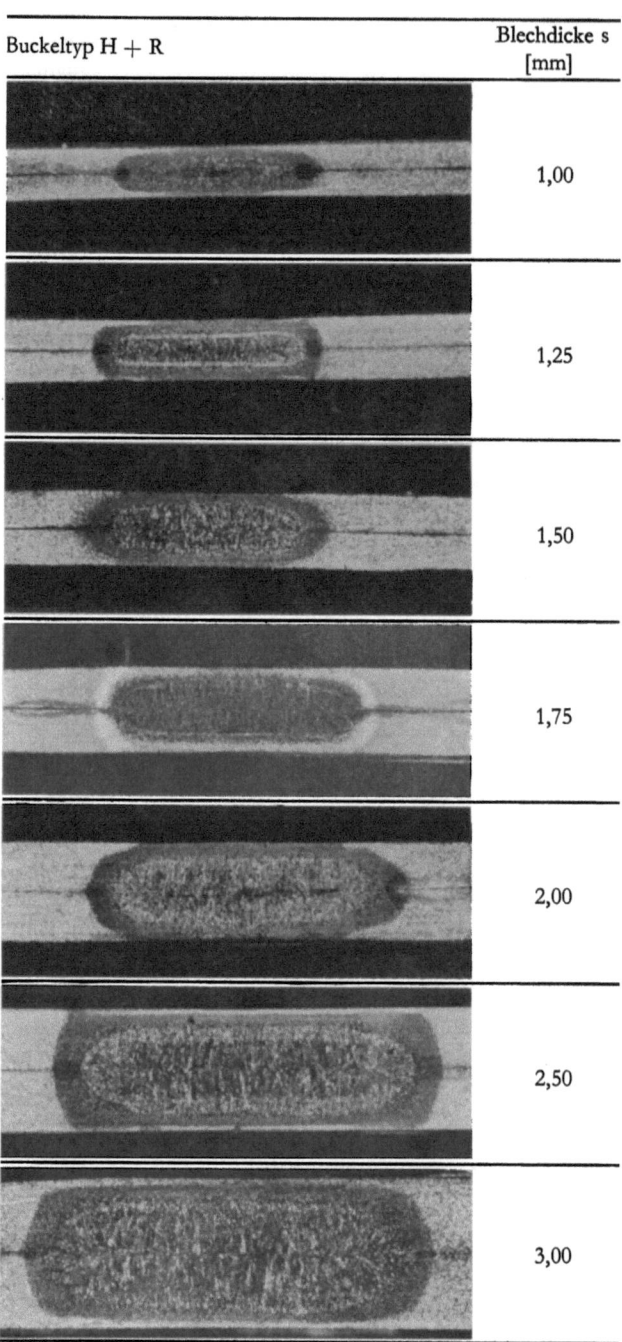

Abb. 27-33 Makroschliff zu Tab. 13

9. Zusammenfassung

In dieser Arbeit wird das Buckelschweißen von Stahlblechen unter Verwendung von drei verschiedenen Buckeltypen untersucht. Es werden für eine bestimmte Stahlqualität Optimalwerte für die Schweißzeit, den Schweißstrom und die Elektrodenkraft ermittelt, die ein sachgemäßes Verschweißen und eine ausreichende Festigkeit der Verbindung ermöglichen.

Dabei ist Voraussetzung, daß die erreichbaren Scherzugkräfte mindestens linear mit den verwendeten Blechdicken ansteigen. Besonderer Wert wird auf die Reproduzierbarkeit der Schweißergebnisse gelegt.

Zusammenfassend sind die ermittelten Werte in Tabellen erfaßt und in Form von graphischen Darstellungen wiedergegeben.

Prof. Dr.-Ing. Alfred H. Henning †
Prof. Dr.-Ing. habil. Karl Krekeler †
Dipl.-Ing. Alfried Meyer

10. Literaturverzeichnis

[1] KOTSCHERGIN, K. A., Leitfaden des Widerstandsschweißens. VEB-Verlag Technik, Berlin 1956.
[2] BEGEMAN und WEISS, The Effect of Impedance and other Variables on the Quality of Projection Welds. University of Texas 1963.
[3] BRUNST, W., Das elektrische Widerstandsschweißen. Springer, Berlin, 1952.
[4] N. N., Unveröffentlichte Untersuchungsberichte des Instituts für Schweißtechnik der TH Aachen.
[5] BRUNST und FAHRENBACH, Widerstandsschweißen. Werkstattbücher, Heft 73a/b, Springer-Verlag, 1962.
[6] CZECH, F., Buckelschweißen von Stahlblech. Zeitschrift »Blech«, Juni 1957.
[7] CZECH, F., Buckelschweißen von Massenartikeln. Zeitschrift »Bänder, Bleche, Rohre«, August 1961.
[8] CZECH, F., Elektroden und Werkzeuge für das Buckelschweißen. Zeitschrift »Blech«, September 1961.
[9] EVRARD and HASLÉ, Resistance Welding Parameters. Br. Welding Journal, January 1958, Vol. 5.
[10] MEYER, A., Das Buckelschweißen unter dem Gesichtspunkt der Buckelform. Technische Mitteilungen, Mai 1963.
[11] PHIPPS and KNOWLSON, Review of Projection Welding in mild steel sheet. Unveröffentlicht.
[12] SCHÄRRER, K., Angewandtes Buckelschweißen im Stahlmöbelbau. BBC-Mitteilung, Baden (Schweiz), Nr. 8/9, 1961.
[13] SCHÄRRER, K., Das Buckelschweißen, ein zeitgemäßes Verbindungsverfahren. Sonderdruck der Firma BBC.
[14] Widerstandsschweißen von Feinblech. Merkblätter für sachgemäße Stahlverwendung. Beratungsstelle für Stahlverwendung, Düsseldorf.

FORSCHUNGSBERICHTE
DES LANDES NORDRHEIN-WESTFALEN

Herausgegeben im Auftrage des Ministerpräsidenten Dr. Franz Meyers
von Staatssekretär Prof. Dr. h. c. Dr.-Ing. E. h. Leo Brandt

FERTIGUNG

HEFT 11
Laboratorium für Werkzeugmaschinen und Betriebslehre der Rhein.-Westf. Technischen Hochschule Aachen
Untersuchungen über Metallbearbeitung im Fräsvorgang mit Hartmetallwerkzeugen und negativem Spanwinkel. S. 6–24
Weiterentwicklung des Schleifverfahrens für die Herstellung von Präzisionswerkstücken unter Vermeidung hoher Temperaturen. S. 25–47
Untersuchung von Oberflächenveredlungsverfahren zur Steigerung der Belastbarkeit hochbeanspruchter Bauteile. S. 48–68
1952. 71 Seiten, 61 Abb. DM 15,75

HEFT 47
Prof. Dr.-Ing. habil. Karl Krekeler, Aachen
Versuche über die Anwendung der induktiven Erwärmung zum Sintern von hochschmelzenden Metallen sowie zur Anlegierung und Vergütung von aufgespritzten Metallschichten mit dem Grundwerkstoff
1953. 56 Seiten, 39 Abb., 11 Tabellen. DM 13,90

HEFT 53
Prof. Dr.-Ing. Herwart Opitz, Aachen
Reibwert und Verschleißmessungen an Kunststoffgleitführungen für Werkzeugmaschinen
1954. 38 Seiten, 18 Abb. Vergriffen

HEFT 66
Dr.-Ing. Peter Füsgen VDI, Düsseldorf
Untersuchungen über das Auftreten des Ratterns bei selbsthemmenden Schneckengetrieben und seine Verhütung
1954. 22 Seiten, 5 Abb. DM 6,60

HEFT 86
Prof. Dr.-Ing. Herwart Opitz, Aachen
Untersuchungen über das Fräsen von Baustahl sowie über den Einfluß des Gefüges auf die Zerspanbarkeit
1954. 95 Seiten, 73 Abb., 7 Tabellen. DM 22,—

HEFT 99
Prof. Dr. G. Garbotz, Aachen
Der Kraft- und Arbeitsaufwand sowie die Leistungen beim Biegen von Bewehrungsstählen in Abhängigkeit von den Abmessungen, den Formen und der Güte der Stähle (Ermittlung von Leistungsrichtlinien)
1955. 122 Seiten, 53 Abb., 3 Anlagen, 18 Tabellen. DM 30,—

HEFT 101
Prof. Dr.-Ing. Herwart Opitz, Aachen
Wirtschaftlichkeitsbetrachtungen beim Außenrundschleifen
1954. 86 Seiten, 5 Abb., 3 Tabellen. DM 19,30

HEFT 112
Prof. Dr.-Ing. Herwart Opitz, Aachen
Verschleißmessungen beim Drehen mit aktivierten Hartmetallwerkzeugen
1954. 29 Seiten, 17 Abb., 6 Tabellen DM 8,80

HEFT 135
Prof. Dr.-Ing. habil. Karl Krekeler und Dr.-Ing. Heinz Peukert, Institut für Kunststoffverarbeitung in Industrie und Handwerk an der Rhein.-Westf. Technischen Hochschule Aachen
Die Änderung der mechanischen Eigenschaften thermoplastischer Kunststoffe durch Warmrecken
1955. 37 Seiten, 27 Abb. DM 11,10

HEFT 207
Prof. Dr.-Ing. Herwart Opitz, Dipl.-Ing. K. H. Fröblich und Dipl.-Ing. Henning Siebel, Aachen
Richtwerte für das Fräsen von unlegierten und legierten Baustählen mit Hartmetall. I. Teil
1956. 38 Seiten, 27 Abb., 3 Tabellen. DM 11,10

HEFT 215
Prof. Dr.-Ing. Herwart Opitz und Dr.-Ing. G. Weber, Aachen
Einfluß der Wärmebehandlung von Baustählen auf Spanentstehung, Schnittkraft- und Standzeitverhalten
1956. 70 Seiten, 30 Abb., 11 Tabellen. DM 18,40

HEFT 232
Prof. Dr.-Ing. Otto Kienzle, Hannover, und Dr.-Ing. Hermann Münnich, Schweinfurt
Feststellungen der Spannungen und Dehnungen und Bruchdrehzahlen der unter Fliehkraft und Bearbeitungskraft beanspruchten Schleifkörper
1957. 122 Seiten, 67 Abb., 12 Tabellen. DM 31,35

HEFT 245
Prof. Dr.-Ing. habil. Karl Krekeler, Institut für Kunststoffverarbeitung in Industrie und Handwerk an der Rhein.-Westf. Technischen Hochschule Aachen
Das Verbinden von Metallen durch Kunstharzkleber. Teil I: Eigenschaften und Verwendung der Metallklebstoffe
1956. 38 Seiten, 8 Abb. Vergriffen

HEFT 246
Prof. Dr.-Ing. habil. Karl Krekeler, Institut für Kunststoffverarbeitung in Industrie und Handwerk an der Rhein.-Westf. Technischen Hochschule Aachen
Das Verbinden von Metallen durch Kunstharzkleber. Teil II: Untersuchungen an geklebten Leichtmetall-Verbindungen
1957. 70 Seiten, 40 Abb. DM 17,50

HEFT 262
Dr.-Ing. Wilhelm Batel, Aachen
Untersuchungen zur Absiebung feuchter, feinkörniger Haufwerke und Schwingsieben
1956. 79 Seiten, 45 Abb., 22 Diagramme, 5 Tabellen. DM 23,40

HEFT 271
Prof. Dr.-Ing. Herwart Opitz und Dipl.-Ing. Heinrich Axer, Aachen
Beeinflussung des Verschleißverhaltens bei spanenden Werkzeugen durch flüssige und gasförmige Kühlmittel und elektrische Maßnahmen
1956. 34 Seiten, 28 Abb. DM 10,70

HEFT 284
Prof. Dr. phil. Franz Wever, Dr.-Ing. Hans-Joachim Wiester, Dr.-Ing. Friedrich-Werner Straßburg, Prof. Dr.-Ing. Herwart Opitz und Dr.-Ing. Karl-Heinrich Fröhlich, Max-Planck-Institut für Eisenforschung, Düsseldorf
Einfluß des Gefüges auf die Zerspanbarkeit von Einsatz und Vergütungsstählen
1957. 77 Seiten, 126 Abb., 11 Tabellen. DM 22,45

HEFT 287
Prof. Dr.-Ing. habil. Karl Krekeler, Institut für Kunststoffverarbeitung in Industrie und Handwerk an der Rhein.-Westf. Technischen Hochschule Aachen
Änderungen der mechanischen Eigenschaftswerte thermoplastischer Kunststoffe bei Beanspruchung in verschiedenen Medien
1956. 49 Seiten, 23 Abb., 5 Tabellen. DM 13,70

HEFT 288
Dr. phil. Kurt Brücker-Steinkuhl, Düsseldorf
Anwendung mathematisch-statischer Verfahren in der Industrie
1956. 103 Seiten, 28 Abb., 14 Tabellen. Vergriffen

HEFT 295
Prof. Dr.-Ing. Herwart Opitz und Dipl.-Ing. Heinrich Axer, Laboratorium für Werkzeugmaschinen und Betriebslehre der Rhein.-Westf. Technischen Hochschule Aachen
Untersuchung und Weiterentwicklung neuartiger elektrischer Bearbeitungsverfahren
1956. 31 Seiten, 27 Abb. DM 10,30

HEFT 296
Prof. Dr.-Ing. Herwart Opitz, Aachen
I. Untersuchungen an elektronischen Regelantrieben
II. Statische Untersuchungen zur Ausnutzung von Drehbänken
1956. 33 Seiten, 18 Abb. DM 10,40

HEFT 304
Prof. Dr.-Ing. habil. Karl Krekeler und Dipl.-Ing. August Kleine-Albers, Aachen
Beitrag zur thermoelastischen Warmformbarkeit von hartem Polyvinylchlorid (Hart-PVC)
1956. 63 Seiten, 29 Abb. DM 17,70

HEFT 320
Dipl.-Phys. Dr. rer. nat. Hans-Eberhard Caspary, Physikalisches Institut der Universität Köln
Verwendung von Szintillationszählern an Stelle von Zählrohren zur zerstörungsfreien Materialprüfung
1956. 30 Seiten, 13 Abb., 2 Tabellen. DM 10,10

HEFT 324
Prof. Dr.-Ing. Herwart Opitz, Priv.-Doz. Dr.-Ing. Ernst Saljé und Dipl.-Ing. Karl-Eugen Schwartz, Laboratorium für Werkzeugmaschinen und Betriebslehre der Rhein.-Westf. Technischen Hochschule Aachen
Richtwerte für das Außenrund-Längs- und Einstechschleifen
1956. 50 Seiten, 44 Abb., 2 Tabellen. DM 13,85

HEFT 327
Prof. Dr.-Ing. habil. Karl Krekeler und Dr.-Ing. Heinz Peukert, Institut für Kunststoffverarbeitung in Industrie und Handwerk an der Rhein.-Westf. Technischen Hochschule Aachen
Beitrag zur thermoelastischen Formbarkeit von Polyäthylen
1956. 44 Seiten, 49 Abb., 9 Tabellen. DM 12,80

HEFT 350
Prof. Dr.-Ing. habil. Karl Krekeler und Dr.-Ing. Heinz Peukert, Institut für Kunststoffverarbeitung in Industrie und Handwerk an der Rhein.-Westf. Technischen Hochschule Aachen
Das Spannungsverhalten der Kunststoffe bei der Verarbeitung
1958. 24 Seiten, 112 Abb. DM 20,—

HEFT 351
Prof. Dr.-Ing. Herwart Opitz, Dipl.-Ing. Heinrich Axer und Dipl.-Ing. Helmut Rhode, Aachen
Zerspanbarkeit hochwarmfester und nichtrostender Stähle. Teil I
1957. 85 Seiten, 73 Abb., 2 Tabellen. DM 21,80

HEFT 385
Prof. Dr.-Ing. Herwart Opitz, Dr.-Ing. Heinrich Axer und Dipl.-Ing. Heinrich Rohde, Aachen
Zerspanbarkeit hochwarmfester und nichtrostender Stähle. Teil II
1957. 73 Seiten, 54 Abb., 5 Tabellen. DM 19,30

HEFT 386
Prof. Dr.-Ing. Herwart Opitz und Dipl.-Ing. Oskar Hake, Aachen
Standzeituntersuchungen und Verschleißmessungen mit radioaktiven Isotopen
1958. 36 Seiten, 33 Abb., 3 Tabellen. DM 12,75

HEFT 395
Dipl.-Ing. Ludwig Hahn, Clausthal-Zellerfeld
Untersuchungen zur Frage des optimalen Bohrloch- und Patronendurchmessers
1957. 119 Seiten, 49 Abb., 19 Tabellen. DM 31,25

HEFT 405
Prof. Dr.-Ing. Herwart Opitz und Dipl.-Ing. Hermann Schuler, Aachen
Untersuchungen für einen Wirtschaftlichkeitsvergleich der Feinbearbeitungsverfahren
1958. 58 Seiten, 43 Abb. DM 17,90

HEFT 406
Werner Kirsch, Leverkusen
Entwicklungsarbeiten auf dem Gebiete des Korrosionsschutzes und der Abdichtung
1957. 76 Seiten, 28 Abb., 11 Tabellen. DM 19,—

HEFT 408
Prof. Dr. phil. Franz Wever, Dr.-Ing. Werner Lueg und Dr.-Ing. Hans Günter Müller, Max-Planck-Institut für Eisenforschung, Düsseldorf
Kraft und Arbeitsbedarf beim Warmscheren von Stahl in Abhängigkeit von Temperatur und Schnittgeschwindigkeit
1957. 33 Seiten, 15 Abb., 3 Tabellen. DM 11,35

HEFT 413
Prof. Dr.-Ing. Herwart Opitz, Dipl.-Ing. Henning Siebel und Dipl.-Ing. Reinhard Fleck, Aachen
Richtwerte für das Fräsen von unlegierten und legierten Baustählen mit Hartmetall, Teil II
1957. 44 Seiten, 35 Abb., 4 Tabellen. DM 14,40

HEFT 426
Prof. Dr.-Ing. Herwart Opitz und Dipl.-Ing. Walter Scholz, Aachen
Untersuchungen über den Räumvorgang
1957, 64 Seiten, 36 Abb., 7 Tabellen. DM 16,55

HEFT 447
Prof. Dr.-Ing. F. Bollenrath, Aachen, Dr.-Ing. H. Füllenbach, Seesen (Harz), und Dipl.-Ing. J. Schumacher, Neubeckum (Westf.)
Entwicklung rationell arbeitender Spritzkabinen
1958. 44 Seiten, 26 Abb. Vergriffen

HEFT 465
Dr.-Ing. Richard Koch, Forschungsinstitut für Rationalisierung an der Rhein.-Westf. Technischen Hochschule Aachen
Amerikanische Fertigungsunterlagen und ihre Werkstattreifmachung für deutsche Betriebe
1958. 54 Seiten, 19 Abb. DM 17,35

HEFT 474
*Dr.-Ing. Rolf Ibing und Dipl.-Ing. Günther Meier, Institut für Mechanik der Technischen Hochschule Hannover
Leiter: Prof. Dr.-Ing. Otto Flachsbart*
Entwicklung und Eichung von Staubentnahmesonden
1958. 20 Seiten, 9 Abb., 2 Tabellen. DM 8,65

HEFT 511
*Dipl.-Ing. Hans Wahl, Dipl.-Ing. Georg Kantenwein und Dipl.-Ing. Wilfried Schäfer
Im Auftrage des Steinkohlenbergbauvereins, Essen*
Gesteinsbohr-Modellversuche zur Frage des Drehbohrens, Schlagbohrens, Drehschlagbohrens und Rollenmeißelbohrens
1958. 254 Seiten, 167 Abb. DM 52,—

HEFT 520
Prof. Dr.-Ing. Herwart Opitz, Dipl.-Ing. Hans Obrig und Dipl.-Ing. Paul Kips, Laboratorium für Werkzeugmaschinen und Betriebslehre der Rhein.-Westf. Technischen Hochschule Aachen
Untersuchung neuartiger elektrischer Bearbeitungsverfahren
1958. 44 Seiten, 35 Abb., 2 Tabellen. DM 14,70

HEFT 521
Prof. Dr.-Ing. Herwart Opitz und Dipl.-Ing. Karl-Eugen Schwartz, Laboratorium für Werkzeugmaschinen und Betriebslehre der Rhein.-Westf. Technischen Hochschule Aachen
Das Abrichten von Schleifscheiben mit Diamanten
1958. 58 Seiten, 34 Abb., 3 Tabellen. DM 17,15

HEFT 570
Prof. Dr.-Ing. habil. Karl Krekeler, Dr.-Ing. Heinz Peukert und Dipl.-Ing. Otto Schwartz, Aachen
Kerbempfindlichkeit thermoplastischer Kunststoffe abhängig von der Kerbform und der Beanspruchungstemperatur
1958. 39 Seiten, 24 Abb., 10 Tabellen. DM 13,30

HEFT 603
Prof. Dr.-Ing. Ludolf Engel und Dr.-Ing. Jochen Foerster, Bergakademie Clausthal-Zellerfeld
Gummielastische Stoffe als Dämpfungselemente an schlagenden Werkzeugen
1958. 48 Seiten, 36 Abb. DM 14,70

HEFT 605
Ing. Leonhard Bommes, Mönchengladbach
Bestimmung von Leistung und Wirkungsgrad eines Ventilators
1958. 45 Seiten, 29 Abb., 3 Tabellen. DM 12,60

HEFT 638
Prof. Dr.-Ing. Herwart Opitz, Dr.-Ing. Hermann Schuler und Dipl.-Ing. Paul-Heinz Brammertz, Verein Deutscher Ingenieure, Fachgruppe Betriebstechnik, Düsseldorf
Die Werkstückgüte beim Feindrehen und Feinschleifen und ihr Einfluß auf die Fertigungskosten
1958. 46 Seiten, 29 Abb. DM 12,80

HEFT 643
Max-Planck-Institut für Silikatforschung, Würzburg
Anisotropiemessungen an Schleifkörpern
1958. 38 Seiten, 22 Abb. DM 11,70

HEFT 664
Dr. phil. habil. Paul Hölemann und Ing. Rolf Hasselmann, Forschungsstelle für Acetylen, Düsseldorf-Reisholz
Die Bestimmung der Gasausbeute von Karbid
1958. 21 Seiten, 3 Abb., 5 Tabellen. DM 6,70

HEFT 693
Prof. Dr.-Ing. Otto Kienzle, D.-Ing. Friedrich Wilhelm Timmerbeil und Dr.-Ing. Thomas Jordan, Hannover
Einige Untersuchungen über das Schneiden von Blechen
1959. 55 Seiten, 42 Abb., 3 Tabellen. DM 17,40

HEFT 707
Prof. Dr.-Ing. habil. Karl Krekeler und Dipl.-Ing. Hans Verhoeven, Institut für Schweißtechnische Fertigungsverfahren an der Rhein.-Westf. Technischen Hochschule Aachen
Untersuchungen über Bolzenschweißverfahren
1959. 32 Seiten, 32 Abb. DM 11,—

HEFT 708
Prof. Dr.-Ing. habil. Karl Krekeler, Dr.-Ing. Heinz Peukert und Dipl.-Ing. Josef Zähren, Institut für Kohlenstoffverarbeitung an der Rhein.-Westf. Technischen Hochschule Aachen
Die Schweißbarkeit weicher Kunststoff-Schaumstoffe
1959. 33 Seiten, 28 Abb., 3 Tabellen. DM 10,90

HEFT 745
Prof. Dr.-Ing. Wilhelm Batel, Mitteilung aus dem Institut Aachen der Forschungsgesellschaft Verfahrenstechnik
Über die Zerkleinerung zwischen Mahlhilfskörpern in Schwing- und Rohrmühlen und über die Kennzeichnung und Analyse des Mahlgutes
1959. 94 Seiten. DM 27,30

HEFT 747
Dr.-Ing. Gerhard Seulen und Ing. Herbert Geisel, Verein Deutscher Ingenieure, VDI-Fachgruppe Betriebstechnik (ADB) Düsseldorf
Ermittlung der Einhärtungstiefen beim Induktionshärten mit einer Frequenz von 10 kHz
1959. 25 Seiten, 19 Abb., 2 Tabellen. DM 7,90

HEFT 764
Prof. Dr.-Ing. Herwart Opitz, Dr.-Ing. Henning Siebel und Dipl.-Ing. Reinhard Fleck, Laboratorium für Werkzeugmaschinen und Betriebslehre der Rhein.-Westf. Technischen Hochschule Aachen
Keramische Schneidstoffe
1959. 30 Seiten, 18 Abb. DM 9,80

HEFT 770
Dr.-Ing. Reinhard Bressler, Leverkusen
Untersuchung des Wärmeüberganges in einem Dünnschichtverdampfer
1960. 50 Seiten, 37 Abb. DM 15,30

HEFT 771
Dr.-Ing. Bruno Hille, Institut für Baumaschinen und Baubetrieb der Rhein.-Westf. Technischen Hochschule Aachen
Leiter: Prof. Dr. Georg Garbotz
Die Veränderungen des Kornaufbaues während des Betriebsablaufes beim Aufbereiten von bituminösem Mischgut unter besonderer Berücksichtigung des Durchganges der Körnungen durch die Trockentrommel
1959. 87 Seiten, 52 Abb., 20 Tabellen im Anhang. DM 32,60

HEFT 775
Prof. Dr.-Ing. Herwart Opitz und Dr.-Ing. Janez Peklenik, Laboratorium für Werkzeugmaschinen und Betriebslehre der Rhein.-Westf. Technischen Hochschule Aachen
Über den Aufbau und das Verhalten meßgesteuerter Werkzeugmaschinen
1959. 37 Seiten, 27 Abb. DM 11,40

HEFT 777
Prof. Dr.-Ing. Herwart Opitz und Dipl.-Ing. Paul-Heinz Brammertz, Laboratorium für Werkzeugmaschinen und Betriebslehre der Rhein.-Westf. Technischen Hochschule Aachen
Werkstückgüte und Fertigkeitskosten beim Innen-Feindrehen und Außenrund-Einstechschleifen
1959. 91 Seiten, 68 Abb. DM 25,30

HEFT 788
Prof. Dr.-Ing. Herwart Opitz, Laboratorium für Werkzeugmaschinen und Betriebslehre der Rhein.-Westf. Technischen Hochschule Aachen
Der Einsatz radioaktiver Isotope bei Zerspanungsuntersuchungen
1959. 35 Seiten, 23 Abb. DM 11,30

HEFT 806
Prof. Dr.-Ing. Herwart Opitz und Dr.-Ing. Rolf Piekenbrink, Laboratorium für Werkzeugmaschinen und Betriebslehre der Rhein.-Westf. Technischen Hochschule Aachen
Untersuchungen an Zahnradbearbeitungsmaschinen
1960. 95 Seiten, 81 Abb. DM 29,30

HEFT 809
Prof. Dr.-Ing. Herwart Opitz und Dipl.-Ing. H. H. Herold, Laboratorium für Werkzeugmaschinen und Betriebslehre der Rhein.-Westf. Technischen Hochschule Aachen
Untersuchung von elektro-mechanischen Schaltelementen
1960. 35 Seiten, 16 Abb. DM 11,—

HEFT 810
Prof. Dr.-Ing. Herwart Opitz und Dr.-Ing. Norbert Maas, Laboratorium für Werkzeugmaschinen und Betriebslehre der Rhein.-Westf. Technischen Hochschule Aachen
Das dynamische Verhalten von Lastschaltgetrieben
1960. 97 Seiten, 77 Abb. DM 29,50

HEFT 812
Prof. Dr.-Ing. Otto Kienzle und Dipl.-Ing. Klaus Mietzner, Institut für Werkzeugmaschinen und Umformtechnik an der Technischen Hochschule Hannover
Mikrogeometrische Veränderungen der Oberfläche bei Kaltumformvorgängen
1960. 47 Seiten, 38 Abb. DM 16,60

HEFT 820
Prof. Dr.-Ing. Herwart Opitz, Dipl.-Ing. Helmut Rohde und Dipl.-Ing. Wilfried König, Laboratorium für Werkzeugmaschinen und Betriebslehre der Rhein.-Westf. Technischen Hochschule Aachen
Untersuchungen der Spanformung durch Spanbrecher beim Drehen mit Hartmetallwerkzeugen
1960. 46 Seiten, 41 Abb. DM 15,80

HEFT 830
Prof. Dr.-Ing. Herwart Opitz und Dipl.-Ing. Wolfgang Backé, Laboratorium für Werkzeugmaschinen und Betriebslehre der Rhein.-Westf. Technischen Hochschule Aachen
Automatisierung des Arbeitsablaufes in der spanabhebenden Fertigung. Untersuchung eines unstetigen Nachformsystems mit einem elektrohydraulischen Stellglied
1960. 43 Seiten. 39 Abb. DM 14,60

HEFT 831
Prof. Dr.-Ing. Herwart Opitz, Dr.-Ing. Hans-Günther Rohs und Dr.-Ing. Gottfried Stute, Laboratorium für Werkzeugmaschinen und Betriebslehre der Rhein.-Westf. Technischen Hochschule Aachen
Statistische Untersuchungen über die Ausnutzung von Werkzeugmaschinen in der Einzel- und Massenfertigung
1960. 38 Seiten, 32 Abb. DM 13,—

HEFT 848
Dr.-Ing. Hans-Jochen Stöter, Institut für Werkzeugmaschinen und Umformtechnik der Technischen Hochschule Hannover
Untersuchung des Schmiedevorganges in Hammer und Presse, insbesondere hinsichtlich des Steigens
1960. 133 Seiten, 62 Abb., 8 Tabellen. DM 35,60

HEFT 864
Prof. Dr.-Ing. Herwart Opitz und Dr.-Ing. Gottfried Stute, Laboratorium für Werkzeugmaschinen und Betriebslehre der Rhein.-Westf. Technischen Hochschule Aachen
Funkenarbeit und Bearbeitungsergebnis bei der funkenerosiven Bearbeitung
1960. 44 Seiten, 19 Abb. DM 13,60

HEFT 894
Baudirektor Dr.-Ing. Wolfram Lindner, Staatliche Ingenieurschule für Maschinenwesen, Hagen
Vorschlag zur Vereinheitlichung der Hauptabmessungen an handelsüblichen Zahnradgetrieben
1960. 102 Seiten, 26 Abb., 21 Getriebeblätter, 38 Tabellen. DM 31,30

HEFT 898
Prof. Dr.-Ing. Herwart Opitz und Dipl.-Ing. Herbert de Jong, Laboratorium für Werkzeugmaschinen an der Rhein.-Westf. Technischen Hochschule Aachen
Untersuchung von Zahnradgetrieben und Zahnradbearbeitungsmaschinen in Zusammenarbeit mit der Industrie
1960. 58 Seiten, 52 Abb. DM 19,20

HEFT 900
Prof. Dr.-Ing. Herwart Opitz und Dr.-Ing. Johannes Bielefeld, Laboratorium für Werkzeugmaschinen und Betriebslehre der Rhein.-Westf. Technischen Hochschule Aachen
Modellversuche an Werkzeugmaschinenelementen
1960. 73 Seiten, 55 Abb. DM 21,—

HEFT 901
Prof. Dr.-Ing. Herwart Opitz, Dr.-Ing. Johannes Bielefeld und Dipl.-Ing. Werner Kalkert, Laboratorium für Werkzeugmaschinen und Betriebslehre der Rhein.-Westf. Technischen Hochschule Aachen
Lebensdauerprüfung von Zahnradgetrieben
1960. 54 Seiten, 46 Abb. DM 17,30

HEFT 905
Prof. Dr.-Ing. Franz Kollmann, Institut für Holzforschung und Holztechnik der Universität München
Untersuchung der wichtigsten Gebrauchseigenschaften von kunstharzbeschichteten Holzfaser- und Holzspanplatten
1960. 102 Seiten, 38 Abb., 12 Tabellen. DM 30,40

HEFT 927
Civilingenjör Lennart Junghahn, Institut für Verfahrenstechnik der GVT der Rhein.-Westf. Technischen Hochschule Aachen
Untersuchungen über die Krustenbildung an metallischen Werkstoffen
1960. 91 Seiten, 44 Abb., 4 Tabellen. DM 27,25

HEFT 928
Prof. Dr.-Ing. Herwart Opitz, Dipl.-Ing. Helmut Rohde und Dipl.-Ing. Wilfried König, Laboratorium für Werkzeugmaschinen und Betriebslehre der Rhein.-Westf. Technischen Hochschule Aachen
Untersuchung des Räumvorganges
1961. 115 Seiten, 90 Abb. DM 36,10

HEFT 929
Prof. Dr.-Ing. Herwart Opitz, Dr.-Ing. Henning Siebel, Dipl.-Ing. Reinhard Fleck und Dipl.-Ing. Franz Altdorf, Laboratorium für Werkzeugmaschinen und Betriebslehre der Rhein.-Westf. Technischen Hochschule Aachen
Richtwerte für das Fräsen von unlegierten und legierten Baustählen mit Hartmetall. - Teil III
1961. 64 Seiten, 57 Abb., 7 Tabellen. DM 21,30

HEFT 930
Prof. Dr.-Ing. Herwart Opitz und Dipl.-Ing. Rolf Umbach, Laboratorium für Werkzeugmaschinen und Betriebslehre der Rhein.-Westf. Technischen Hochschule Aachen
Modellversuch zur dynamischen Versteifung von Werkzeugmaschinen durch Ankopplung gedämpfter Hilfsmassensysteme
1961. 37 Seiten, 30 Abb. DM 13,30

HEFT 934
Prof. Dr.-Ing. Alfred H. Henning, Dr.-Ing. Heinz Peukert und Friedrich Mittrop, Institut für Kunststoffverarbeitung der Rhein.-Westf. Technischen Hochschule Aachen
Auswertung der in- und ausländischen Literatur auf dem Gebiete des Metallklebens. Teil II
1961. 143 Seiten. DM 36,90

HEFT 935
Dr. phil. nat. Erhard Herre, Essen
Korrosionsschutzmaßnahmen in Warmwasseranlagen unter Anwendung von Impfphosphaten und des kathodischen Schutzverfahrens mit Magnesium-Anoden
1961. 110 Seiten, 72 Abb., 7 Tabellen. DM 33,80

HEFT 955
Prof. Dr.-Ing. Herwart Opitz und Dipl.-Ing. Hans Uhrmeister, Laboratorium für Werkzeugmaschinen und Betriebslehre der Rhein.-Westf. Technischen Hochschule Aachen
Die dynamischen Eigenschaften hydraulischer Vorschubmotoren für Werkzeugmaschinen
1961. 60 Seiten, 66 Abb. DM 20,—

HEFT 965
Prof. Dr.-Ing. Dr. h. c. Herwart Opitz und Dipl.-Ing. Helmut Frank, Laboratorium für Werkzeugmaschinen und Betriebslehre der Rhein.-Westf. Technischen Hochschule Aachen
Richtwerte für das Außenrundschleifen
1961. 78 Seiten, 49 Abb., 4 Tabellen. DM 23,20

HEFT 966
Prof. Dr.-Ing. Dr. E. h. Otto Kienzle und Dr.-Ing. Klaus Grüning, Verein Deutscher Ingenieure, Düsseldorf
Über die Beanspruchungsverhältnisse in Blockaufnehmern von Strangpressen
1961. 136 Seiten, 70 Abb., 7 Tafeln. DM 40,70

HEFT 994
Dipl.-Phys. Ernst Schmidt, Institut für Verfahrenstechnik der GVT der Rhein.-Westf. Technischen Hochschule Aachen
Über die Entwicklung eines adiabatischen Kalorimeters zur genauen Messung von spezifischen Wärmen körniger und pulverförmiger Stoffe
1961. 74 Seiten, 24 Abb., 4 Tabellen. DM 21,—

HEFT 1007
Prof. Dr.-Ing. Dr. h. c. Herwart Opitz und Dr.-Ing. Gottfried Stute, Laboratorium für Werkzeugmaschinen und Betriebslehre der Rhein.-Westf. Technischen Hochschule Aachen
Berechnung der Funkenarbeit aus den elektrischen Daten der Arbeitskreiselemente von Funkenerosionsmaschinen
1961. 43 Seiten, 9 Abb. DM 14,80

HEFT 1008
Prof. Dr.-Ing. Dr. h. c. Herwart Opitz und Dr.-Ing. Paul-Heinz Brammertz, Laboratorium für Werkzeugmaschinen und Betriebslehre der Rhein.-Westf. Technischen Hochschule Aachen
Untersuchung der Ursachen für Form- und Maßfehler bei der Feinbearbeitung
1961. 43 Seiten, 32 Abb. DM 15,20

HEFT 1010
Prof. Dr.-Ing. Dr. h. c. Herwart Opitz, Dr.-Ing. Paul Kips, Laboratorium für Werkzeugmaschinen und Betriebslehre der Rhein.-Westf. Technischen Hochschule Aachen
Grundlagen des elektroerosiven Schleifens bei der Werkzeugaufbereitung
1961, 68 Seiten, 40 Abb., 6 Tabellen. DM 21,70

HEFT 1011
Prof. Dr.-Ing. Dr. h. c. Herwart Opitz, Dr.-Ing. Günter Ostermann und Dipl.-Ing. Max Gappisch, Laboratorium für Werkzeugmaschinen und Betriebslehre der Rhein.-Westf. Technischen Hochschule Aachen
Untersuchung der Ursachen des Werkzeugverschleißes
1961. 63 Seiten, 37 Abb., 3 Tabellen. DM 23,90

HEFT 1059
Dipl.-Ing. Ewald Reiners, Institut Verfahrenstechnik der GVT der Rhein.-Westf. Technischen Hochschule Aachen
Der Mechanismus der Prallzerkleinerung beim geraden, zentralen Stoß und die Anwendung dieser Beanspruchungsart bei der Zerkleinerung, insbesondere bei der selektiven Zerkleinerung von spröden Stoffen
1962. 64 Seiten, 24 Abb., 1 Tabelle. DM 22,60

HEFT 1060
Dipl.-Ing. Robert Rautenbach, Institut Verfahrenstechnik der GVT der Rhein.-Westf. Technischen Hochschule Aachen
Das Fließverhalten von Kunststoff im Walzspalt, untersucht am Beispiel von Polyäthylen
1961. 46 Seiten, 25 Abb., 1 Tabelle. DM 17,—

HEFT 1070
Prof. Dr.-Ing. Dr. h. c. Herwart Opitz und Dipl.-Ing. Hans-Hermann Herold, Laboratorium für Werkzeugmaschinen und Betriebslehre der Rhein.-Westf. Technischen Hochschule Aachen
Elektromechanische Kopiersteuerungen
1962. 102 Seiten, 74 Abb. DM 33,90

HEFT 1150
Prof. Dr.-Ing. Dr. h. c. Herwart Opitz, Dr.-Ing. Paul-Heinz Brammertz und Dr.-Ing. Ernst H. Kohlhage, Laboratorium für Werkzeugmaschinen und Betriebslehre der Rhein.-Westf. Technischen Hochschule Aachen
Untersuchungen zum Leistungsvergleich der Feinbearbeitungsverfahren
1963. 60 Seiten, 47 Abb. DM 31,20

HEFT 1181
Prof. Dr.-Ing. Joseph Mathieu, Dipl.-Ing. Kurt Gollnow, Forschungsinstitut für Rationalisierung der Rhein.-Westf. Technischen Hochschule Aachen
Beitrag zur Rationalisierung handwerklicher Betriebe - Entwicklung einer Untersuchungsmethode, dargestellt am Beispiel des Schreinerhandwerks
1963. 118 Seiten, 19 Abb., zahlreiche Übersichten. DM 62,50

HEFT 1182
Prof. Dr.-Ing. Alfred Kuhlenkamp und Dipl.-Ing. Ernst Reuter, Institut für Feinwerktechnik und Regelungstechnik der Technischen Hochschule Braunschweig
Entwicklung eines Drehmomenten-Meßgerätes
1963. 40 Seiten, 27 Abb. DM 18,90

HEFT 1216
Prof. Dr.-Ing. Joseph Mathieu, Dr.-Ing. Johann Heinrich Jung und Dr. rer. nat. Konstantin Behnert, Forschungsinstitut für Rationalisierung der Rhein.-Westf. Technischen Hochschule Aachen
Ein Verfahren zur Planung der Maschinenbelegung in einer Fertigungsstufe
1963. 39 Seiten, 18 Abb. DM 19,50

HEFT 1265
*Dipl.-Ing. Fulvio Fonzi,
Institut für Arbeitswissenschaft
der Rhein.-Westf. Technischen Hochschule Aachen
Direktor: Prof. Dr.-Ing. Joseph Mathieu*
Beitrag zur Anwendung mathematischer Methoden für eine wirtschaftlichere Gestaltung der Fertigung
1964. 78 Seiten, 36 Abb. DM 48,50

HEFT 1312
Prof. Dr.-Ing. Dr. h. c. Herwart Opitz, und Dr.-Ing. Ernst Hermann Kohlhage, Laboratorium für Werkzeugmaschinen und Betriebslehre an der Rhein.-Westf. Technischen Hochschule Aachen
Zuordnung der Oberflächengüte zur ISA-Maßtoleranz
1964. 68 Seiten, 34 Abb., 8 Tabellen. DM 36,—

HEFT 1440
Prof. Dr.-Ing. Alfred H. Henning †, Dipl.-Ing. Gerhard Glasmacher und Dipl.-Ing. Josef Zöhren, Institut für Kunststoffverarbeitung in Industrie und Handwerk an der Rhein.-Westf. Technischen Hochschule Aachen
Untersuchung und Entwicklung von Prüfverfahren für Kunststoff-Schweißverbindungen
1964. 51 Seiten, 47 Abb. DM 24,50

HEFT 1505
Prof. Dr.-Ing. Alfred H. Henning †, Prof. Dr.-Ing. habil. Karl Krekeler und Dipl.-Ing. J. Eilers, Institut für Kunststoffverarbeitung in Industrie und Handwerk an der Rhein.-Westf. Technischen Hochschule Aachen
Zusammenstellung verschiedener Verbindungsmöglichkeiten für Kunststoffrohre und Festigkeitsuntersuchungen an PVC- und PE-Rohren und deren Verbindungen
1965. 103 Seiten, 97 Abb., 18 Tabellen. DM 58,—

HEFT 1506
Prof. Dr.-Ing. Alfred H. Henning †, Prof. Dr.-Ing. habil. Karl Krekeler und Dipl.-Ing. Arne Rothenpieler, Institut für Kunststoffverarbeitung in Industrie und Handwerk an der Rhein.-Westf. Technischen Hochschule Aachen
Untersuchungen über die Änderung der Festigkeitseigenschaften von Polyäthylen durch Warmrecken
1965. 36 Seiten, 31 Abb. DM 20,50

HEFT 1507
Prof. Dr.-Ing. Alfred H. Henning †, Prof. Dr.-Ing. habil. Karl Krekeler und Dipl.-Ing. Peter Klenk, Institut für Kunststoffverarbeitung in Industrie und Handwerk an der Rhein.-Westf. Technischen Hochschule Aachen
Qualitätsuntersuchungen an Kunststoffrohren
1965. 52 Seiten, 35 Abb., 7 Tabellen. DM 28,—

HEFT 1508
Prof. Dr.-Ing. Alfred H. Henning †, Prof. Dr.-Ing. habil. Karl Krekeler, Dipl.-Ing. Arne Rothenpieler und Dipl.-Ing. Rainer Taprogge, Institut für Kunststoffverarbeitung in Industrie und Handwerk an der Rhein.-Westf. Technischen Hochschule Aachen
Einfluß des Umformgrades auf die Kaltsprödigkeit thermoplastischer Kunststoffe
1965. 31 Seiten, 22 Abb. DM 18,50

HEFT 1509
*Dr.-Ing. Karl-Heinz Kaps, Forschungsinstitut für Rationalisierung an der Rhein.-Westf. Technischen Hochschule Aachen
Direktor: Prof. Dr.-Ing. Joseph Mathieu*
Die Bedeutung der Lagerhaltung für die Produktionsplanung in Industriebetrieben
1965. 96 Seiten, 17 Abb., 5 Tabellen, 4 Diagramme. DM 58,—

HEFT 1525
Prof. Dr.-Ing. Alfred H. Henning †, Prof. Dr.-Ing. habil. Karl Krekeler und Dipl.-Ing. Hans Wilhelm Rotthaus, Institut für schweißtechnische Fertigungsverfahren der Rhein.-Westf. Technischen Hochschule Aachen
Untersuchung möglicher Zwangslagenschweißung mit dem Kohlensäure-Schweißverfahren
1965. 49 Seiten, 32 Abb., 8 Tabellen. DM 25,80

HEFT 1526
Prof. Dr.-Ing. Alfred H. Henning †, Prof. Dr.-Ing. habil. Karl Krekeler † und Dipl.-Ing. Alfried Meyer, Institut für schweißtechnische Fertigungsverfahren der Rhein.-Westf. Technischen Hochschule Aachen
Untersuchungen zum Buckelschweißen von Stahlblechen unter Verwendung verschiedener Buckeltypen

HEFT 1527
Prof. Dr.-Ing. Alfred H. Henning †, Prof. Dr.-Ing. habil. Karl Krekeler † und Dr.-Ing. Horst Ernenputsch, Institut für schweißtechnische Fertigungsverfahren der Rhein.-Westf. Technischen Hochschule Aachen
Automatische Auftragsschweißung nach dem Metall-Lichtbogen-Verfahren unter Kohlendioxyd als Schutzgas

HEFT 1528
Prof. Dr.-Ing. Alfred H. Henning †, Prof. Dr.-Ing. habil. Karl Krekeler †, Dr.-Ing. Salil Kumar Pal und Dipl.-Ing. Hans Verhoeven, Institut für schweißtechnische Fertigungsverfahren der Rhein.-Westf. Technischen Hochschule Aachen
Doppelkopfschweißen und Doppeldrahtschweißen nach dem Metall-Lichtbogen-Verfahren unter Verwendung von Kohlendioxyd als Schutzgas

HEFT 1529
Prof. Dr.-Ing. Alfred H. Henning †, Prof. Dr.-Ing. habil. Karl Krekeler † und Dipl.-Ing. Friedhelm Walter, Institut für schweißtechnische Fertigungsverfahren der Rhein.-Westf. Technischen Hochschule Aachen
Schutzgasschweißen mit abschmelzender Elektrode unter Verwendung verschiedener Gasgemische
1965. 62 Seiten, 41 Abb., 3 Tabellen, 23 Diagramme. DM 36,50

HEFT 1532
Prof. Dr.-Ing. Dr. h. c. Herwart Opitz, Dr.-Ing. Helmut Frank, Dipl.-Ing. Wilhelm Ernst und Dipl.-Ing. Otto Daude, Laboratorium für Werkzeugmaschinen und Betriebslehre der Rhein.-Westf. Technischen Hochschule Aachen
Untersuchungen über den Einfluß des Schleifscheibenaufbaues und der Zerspanungsbedingungen auf die Ausbildung der Schneidfläche der Schleifscheibe im Hinblick auf das Arbeitsergebnis
1965. 77 Seiten, 49 Abb., 2 Tabellen. DM 47,—

HEFT 1535
Prof. Dr.-Ing. habil. Karl Krekeler† und Dipl.-Ing. Rainer Taprogge, Institut für Kunststoffverarbeitung in Industrie und Handwerk an der Rhein.-Westf. Technischen Hochschule Aachen
Untersuchungen zur Bestimmung des Zeitstandverhaltens thermoplastischer Kunststoffe bei Zug- und Biegebeanspruchung
1965. 82 Seiten, 109 Abb. DM 49,80

HEFT 1572
Prof. Dr.-Ing. Dr. h. c. Herwart Opitz und Dr.-Ing. E. Schaller, Laboratorium für Werkzeugmaschinen und Betriebslehre der Rhein.-Westf. Technischen Hochschule Aachen
Untersuchung der Ursachen des Werkzeugverschleißes
1966. 89 Seiten, 39 Abb., 5 Tabellen. DM 52,80

HEFT 1602
Prof. Dr.-Ing. Alfred H. Henning †, Prof. Dr.-Ing. habil. Karl Krekeler †, Dr.-Ing. Wolfgang Krieweth und Dipl.-Ing. Hans Verhoeven, Institut für Schweißtechnische Fertigungsverfahren der Rhein.-Westf. Technischen Hochschule Aachen
Das elektrische Vertikal – CO_2 – Schweißen mit zwangsweiser Schweißnahtbegrenzung
In Vorbereitung

HEFT 1603
Prof. Dr.-Ing. Alfred H. Henning †, Prof. Dr.-Ing. habil. Karl Krekeler † und Dipl.-Ing. Hans Verhoeven Institut für Schweißtechnische Fertigungsverfahren der Rhein.-Westf. Technischen Hochschule Aachen
Widerstandsschweißversuche an kaltfestigem Stahl
In Vorbereitung

Verzeichnisse der Forschungsberichte aus folgenden Gebieten können beim Verlag angefordert werden:
Acetylen/Schweißtechnik – Arbeitswissenschaft – Bau/Steine/Erden – Bergbau – Biologie – Chemie – Eisenverarbeitende Industrie – Elektrotechnik/Optik – Energiewirtschaft – Fahrzeugbau/Gasmotoren – Druck/Farbe/Papier/Photographie – Fertigung – Funktechnik/Astronomie – Gaswirtschaft – Holzbearbeitung – Hüttenwesen/Werkstoffkunde – Kunststoffe – Luftfahrt/Flugwissenschaften – Luftreinhaltung – Maschinenbau – Mathematik – Medizin/Pharmakologie/NE-Metalle – Physik – Rationalisierung – Schall/Ultraschall – Schiffahrt – Textilforschung – Turbinen – Verkehr – Wirtschaftswissenschaften.

WESTDEUTSCHER VERLAG · KÖLN UND OPLADEN
567 Opladen/Rhld., Ophovener Straße 1–3

If you have any concerns about our products,
you can contact us on
ProductSafety@springernature.com

In case Publisher is established outside the EU,
the EU authorized representative is:
**Springer Nature Customer Service Center GmbH
Europaplatz 3, 69115 Heidelberg, Germany**

Printed by Libri Plureos GmbH
in Hamburg, Germany